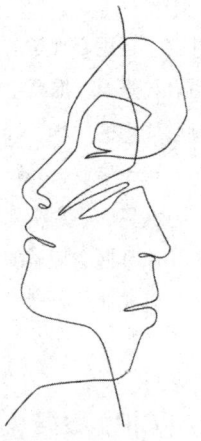

心理学入门基础

秀清 ◎ 编著

中国纺织出版社有限公司 | 国家一级出版社
全国百佳图书出版单位

内容提要

一个懂心理学并善于运用心理学的人,不仅能够提升自我精神状态,更能升华自我修养,提高生活幸福指数。

本书融合了心理学知识的精华,针对现代人在生活和工作中常遇到的心理问题,给予专业、易行、有效的指导,配以生动贴切的案例故事,将深奥的心理学知识深入浅出地进行通俗化阐述,旨在让读者快速掌握心理学的核心奥秘,使生活、工作更加轻松,是一本不可或缺的心理学入门图书!

图书在版编目(CIP)数据

心理学入门基础 / 秀清编著. --北京:中国纺织出版社有限公司,2019.9(2025.6重印)
ISBN 978-7-5180-6438-0

Ⅰ.①心… Ⅱ.①秀… Ⅲ.①心理学—通俗读物 Ⅳ.①B84-49

中国版本图书馆CIP数据核字(2019)第153591号

责任编辑:闫 星　　　　　　　　责任印制:储志伟

中国纺织出版社有限公司出版发行
地址:北京市朝阳区百子湾东里A407号楼　邮政编码:100124
销售电话:010—67004422　传真:010—87155801
http://www.c-textilep.com
E-mail: faxing@c-textilep.com
中国纺织出版社天猫旗舰店
官方微博http://weibo.com/2119887771
三河市宏盛印务有限公司印刷　各地新华书店经销
2019年9月第1版　2025年6月第16次印刷
开本:880×1230　1/32　印张:7
字数:150千字　定价:36.80元

凡购本书,如有缺页、倒页、脱页,由本社图书营销中心调换

序

"心理"学"效应"

无论您懂不懂,有意无意,心理学都在影响着您的生活、工作。

就像我们去吃饭的时候总喜欢找人多的餐厅,而不愿去客人比服务员还少的餐厅,这是一种从众心理,于是有人利用这种心理极大地促进了自己的生意:

某烧饼店开业前半个月,雇了几十个人每天排队买,过往的人都觉得这家店很神奇,每天都排起长龙,真有这么好吃吗?于是就跃跃一试,也跟着排队,发现更神奇的是,还限量购买!等了半天终于买到了,肚子也饿了,然后吃什么都是香的,于是更强化了这家店烧饼好吃的印象,甚至还会到处帮忙免费宣传。于是真实客户慢慢多起来了,群众演员也越来越少了,不变的是每天排队的人依然很多。

房地产商在新楼房开盘时更是将人的从众心理运用得

淋漓尽致，购房者一进去就看到乌泱泱的人像抢白菜一样的抢得面红耳赤，本来只是走过路过的吃瓜群众也忍不住手一滑，输了几位数字，卡里马上少几十万元、上百万元，整个过程只听到一声响（银行短信提示），连水花都不溅一个。

……

如果您愿意探究事情背后的原因，或者对心理学感兴趣，那就从这本书读起吧，十位心理学大师们的主要观点都在这里了！同时本书从各种心理学的效应入手，将会更有吸引力、更容易入门，它就像带你登陆神奇桃花岛的一叶小舟，让你抵达彼岸的同时，还能领略沿途的美好风景。总之，学心理先学心理效应——"心理"学"效应"。

作者善于将心理学效应运用于日常生活中，将生活中的事例总结归纳到对应的心理学效应，相互印证，用通俗易懂的语言、深入浅出的故事为大家分享心理学的精彩。看完常常有种"哇""噢""耶"的感觉，不断体验到心理学的神奇与奥妙，大呼过瘾。

心理学的这些效应就在您身边，它来自于各种场景：两性关系、亲子沟通、商务谈判、日常闲聊等，学完之后最终也是为了应用到自己的场景里，"心理学来源于生活，又回归于生活",知识本身不是力量,只有转化应用了才能产生力量,也衷心期待大家学习后先内化再创新,融会贯通,一通百通。

编著者
2019年初春

前言

提起心理学，很多人的第一反应都是这是一门"高深莫测"的学问，除了学术概念，就是理论结构，想要成为专业人士，更是要付出巨大的心力去学习、钻研。其实，这只是狭义上的对于心理学这门学科的理解；从广义上来说，心理学无处不在，它是当今社会人们涉及最多的话题与学问。因为，人的存在，本身就是依靠心理和行为支撑的；而人的行为与心理，又是相互影响、相互依存的。我们甚至可以说，有人的地方，就有心理学。

人生，说到底，是一个成长的过程。在成长的过程中，我们一点点告别过去的自己，一天天收获新的成果，向着更好的明天踊跃前进。而人生的不断成长，建立在无数个改变的基础上——改变那个懒惰的自己，改变那个无知的自己，改变那个颓废的自己，改变那个欲望缠身的自己……这所有的改变，都有一个前提——你需要真正了解自己，明白自己究竟存在哪些需要改变的地方。

事实上，很多人早已决心有所改变，他们想要重新认识自己的行为、性格、能力等方面,从而有的放矢;他们也明白掌握心理学的重要意义——然而,他们总是不知从何下手,更是被专业的心理学书籍中那些晦涩难懂的术语挡住了前进的步伐。对于非专业人士的大众来说,需要的是简单易懂且实用性更佳的心理学知识,用以指导自己、帮助自己。而这也是我们编写这本书主旨:帮助读者朋友了解心理学基础知识,从而更好地认知自己、改变自己、发展自己;同时,对于他人行为表现中透露的潜在心理,也有大致的掌握。

本书避开了那些拗口的专业术语,以深入浅出、生动活泼的语言与读者朋友们分享弗洛伊德、荣格、艾宾浩斯等十位心理学大师的研究成果。全书共分为十堂课,涵盖了许多心理学基础知识:从认识欲望到自我审视,从掌握记忆特色到了解人类的各层次需求,从探寻自我本性到认识九型人格,从辨别真伪到树立自信,从塑造气质到掌握情绪。每一堂课,都是为初涉心理学的读者朋友精心打造,旨在帮助朋友们在轻松的阅读氛围中正确而有效地掌握这些心理学知识,并能学以致用。

衷心祝愿读者朋友在今后的生活中能够运用这些心理学

基础知识，帮助自己更好地认识自己、分析行为，从而提升自我，收获更美好的人生。

编著者

2019年6月

目 录

第一堂课　弗洛伊德"欲望"课：
　　　　　　梦境与欲望交织而成的人性之网 ◎001

　　听弗洛伊德讲欲望 ◎002

　　梦的产生来源 ◎006

　　心理变态的产生因素 ◎010

　　如何克制欲望，不做欲望的傀儡 ◎014

　　身心健康有赖于自我控制 ◎017

　　不要陷进欲望的漩涡 ◎021

第二堂课　荣格"心灵"课：
　　　　　　潜意识中的自我人格探索 ◎025

　　听荣格讲意识 ◎026

　　人格能遗传吗？ ◎030

　　剖析自己和他人的人格 ◎034

发现自我，聆听自己的心声 ◎038

完善自我意识 ◎042

第三堂课　艾宾浩斯"记忆"课：

借助心理学探索记忆规律 ◎047

听艾宾浩斯讲遗忘 ◎048

找到自己的最佳记忆模式 ◎052

人脑是如何储存信息的 ◎056

学好英语的方法 ◎060

记忆与遗忘交替作用，助你更好成长 ◎065

第四堂课　马斯洛"性格"课：

在实践中不断修炼完美人格 ◎069

听马斯洛讲性格 ◎070

人的七种不同层次的需要 ◎074

性格不合的原理 ◎078

自我实现者的人格特征 ◎082

为什么毫无斗志 ◎087

高尚品质和物质财富何者为第一追求 ◎091

第五堂课　罗杰斯"自我"课：
　　　　　生命的过程就是成为自己的过程 ◎095

听罗杰斯讲自我 ◎096

探明自己，坚持本真 ◎100

挖掘自己的兴趣与潜能 ◎104

坚决走完自我完善之路 ◎108

了解自我本性，挺胸抬头生活 ◎112

第六堂课　帕尔默"人格"课：
　　　　　每一种人格都有不同的颜色 ◎117

听帕尔默讲人格 ◎118

九型人格的基本特征 ◎123

九型人格是认识自己的最佳工具 ◎128

检验你的人格类型 ◎132

　　　　　　　九型人格知识助你打开交际局面 ◎137

第七堂课　费斯汀格"谎言"课：
　　　　　　谎言的假象需要我们亲自撕破 ◎141

　　听费斯汀格讲谎言 ◎142

　　人们"心口不一"的真实原因 ◎146

　　改善认知失调的方法 ◎150

　　为什么孩子的谎言更容易被识破 ◎154

　　探知人心不能流于表面 ◎158

第八堂课　阿德勒"自卑"课：
　　　　　　超越自卑才能活出自我 ◎163

　　听阿德勒讲自卑 ◎164

　　自卑情结的表现 ◎167

　　身体缺陷带来的自卑感不一定是坏事 ◎171

　　自卑感和自卑情结的来源 ◎175

　　如何从自卑走向超越 ◎179

第九堂课　凯根"气质"课：
　　　　　　人性的魅力任谁也无法抵挡 ◎183

　　听凯根讲气质 ◎184

　　行为抑制为什么会影响气质 ◎188

　　遗传与经验对气质的影响 ◎192

第十堂课　沙赫特"情绪"课：
　　　　　　远离失控的暗淡人生 ◎195

　　听沙赫特讲情绪 ◎196

　　你害怕孤独吗 ◎200

　　为什么爱情更容易在危境中产生 ◎204

参考文献 ◎207

第一堂课

弗洛伊德 "欲望"课：梦境与欲望交织而成的人性之网

弗洛伊德的精神分析学认为：人之为人，首先其是一个生物体，既然人首先是生物体，那么，人的一切活动的根本动力必然是生物性的本能冲动，而本能冲动中最核心的冲动为生殖本能（即性本能或性欲本能）的冲动，而在社会法律、道德、文明、舆论的压制下，人被迫将性本能压抑进潜意识中，使之无法进入人的意识层面上，而以社会允许的形式下发泄出来。

听弗洛伊德讲欲望

提到心理学,不能不想到弗洛伊德,任何一个对心理学略知一二的人,都熟悉这个名字。这里,我们说的弗洛伊德,指的是奥地利著名精神分析学家西格蒙德·弗洛伊德(1856年5月6日—1939年9月23日),犹太人,他是精神分析学派的创始人。弗洛伊德的一生,主要著作有《梦的解析》《性学三论》《图腾与禁忌》《日常生活心理病理学》《精神分析引论》《精神分析引论新编》等。

弗洛伊德出生在一个犹太大家庭中,他上面有两个同父异母的哥哥,下面有两个同胞弟弟和五个妹妹。弗洛伊德自幼天资聪颖,中学时代,成绩一直名列前茅,17岁的他就以优异的成绩考进维也纳大学医学院,在他20~25岁这五年内,跟随著名生理学家艾内斯特·布吕克教授从事理论研究工作。1881年,他开了自己的私人诊所,担任临床神经专科医生。

弗洛伊德认为被压抑的欲望绝大部分是属于性的，性的扰乱是精神病的根本原因。他提出潜意识；主张人格结构的三层次；主张性欲论。他的很多学说，虽然一直以来都有很大的争议，但不可否认的是，他有创立新学说的杰出才赋，是一位先驱者和带路人。

弗洛伊德提出心理可分为三个部分：本我、自我与超我。

潜意识的本我代表思绪的原始程序——我们最为原始，属满足需求的思绪；同属潜意识的超我代表社会引发生成的良心，以道德及伦理思想反制本我。大部分属于意识层次的自我则存于原始需求与道德/伦理信念之间，以此平衡。健康的自我具有适应现实的能力，以涵纳本我与超我的方式，与外在世界互动。弗洛伊德极为关注心智这三部分之间的动态关系，特别是三者间如何互相产生冲突的方式。

这三个系统并不相互独立，而是交互作用的，继而产生人类的各种思想以及行为。本我意识下，人们满足内心的欲望，而超我则会将这一欲望压制下去，处于中间状态的自我则会协调两个方面，依照现实情况，适当采取措施。

人常说："得不到的永远是最好的。"想想生活中的我们，是不是有过这样的经历呢？"窈窕淑女，君子好逑；

求之不得，寤寐思服"，追求异性时，越是被拒绝，就越喜欢，越想越觉得这辈子就认定了那个人；买衣服时，货源充足的情况下，我们会表现得买不买无所谓的态度，可若是卖完了，就会突然觉得好像那件衣服特别适合自己，甚至吃饭睡觉都会想着它。"吃着碗里的，想着锅里的"，大多数人心里都认为得不到的才是最好的。

事实上，这是人的"本我"欲望在作怪。"本我"这一词语来自精神分析大师弗洛伊德，他指出，人的本能就是追求喜欢的东西。"求而不得"时，欲望没有满足，自然久久难忘。

欲望是个奇怪的东西，常常在人们心中表现得模糊不清、躁动不安。当欲望降临我们内心的时候，这可能是上帝赐予我们的一次机遇，但也可能只是一个诱惑而已，被诱惑所占据，很有可能会跌入谷底，是欲望还是不良诱惑，关键在于我们怎样用理智去看待、把握和化解。但似乎有些人并不是很明白这个道理，以求爱为例，当求爱被拒后，他们想方设法再次讨好对方，甚至寝食难安、焦虑难耐，当求爱不成，就会产生怨恨、报复的情绪，最终伤害了别人，也伤害了自己。

其实，不妨借鉴"吃不到葡萄说葡萄酸"的心态开解、安慰自己。另外，告诉自己活在当下、珍惜已经拥有的，才是最佳的生活态度，切不可为了满足自己的欲望头脑发热、忘乎所以。

心理启示

弗洛伊德的欲望论解释了人性的奥秘：人类是拥有丰富欲望的群体。遗憾的是，现实生活中并非所有欲望都能满足。无论如何，我们需要明白的是，人不能做欲望的奴隶，人是精神支配的人，而不是器官支配下的人。能战胜自己欲望的人才是真正的强者。

梦的产生来源

我们先来计算一下，假如一个人可以活到70岁，当然，这只是假设。人的一生有三分之一的时间是在睡眠中度过的，那么，他用在睡眠上的时间大约为27年，在这27年的睡眠当中，用于做梦的时间至少要有五六年之久。但令很多人感到好奇的是，人为什么会做梦？弗洛伊德曾经指出："一切梦的共同特性，第一就是睡眠。""梦是愿望的达成。"

我们知道，当睡眠时，即使在熟睡时，人体和周围环境也并非完全隔绝，某些外界刺激仍能通过感觉系统传入大脑，去唤起大脑中某些细胞群的"觉醒状态"而做起梦来。这就是说，睡眠中大脑的某些区域仍可对外界刺激保持一定的联系，这就是做梦。

人在做梦时，大脑内部会产生极为活跃的化学反应，这时，人的脑细胞会进行蛋白质的合成和更新，并且会达到高峰，在这个过程中，新的氧气、养料会将废物运走，为来日投入新的活动打下基础。从这个意义上说，做梦是有助于睡眠和第二天活动的。脑中的一部分细胞在清醒时不起作用，但当人入睡时，这些细胞却在"演习"其功能，于是乎形成了梦。

其实，梦离不开日常生活。

有些梦，往往与我们在白天经历的某些事情密切相关，比如，受到电影、小说、生活中见闻的影响；还有一些梦，是因为身体某部分受到刺激后产生的。例如，在憋尿时，就常常会梦到找厕所。形成梦的另一个原因是强烈的愿望。恋爱时，梦中经常会出现恋人的身影。当特别想到某个地方去玩，或特别想吃某样东西时，在梦中就经常会如愿以偿。这就是弗洛伊德关于梦的形成的解析。

梦给人痛苦或愉快地回忆，做梦锻炼了脑的功能，梦有时能指导你改变生活，还可部分地解决醒时的冲突，将使你的生活更加充实。做梦是人体一种正常的、必不可少的生理和心理现象。

正常的梦境活动，是保证机体正常活力的重要因素之一。心理学家认为，人的智能有很大潜力，一般情况下只用了不到1/4，另外的3/4潜藏在无意识之中，而做梦便是一种典型的无意识活动，通过做梦能重新组合已有的知识，把新知识与旧知识合理地融合在一起，最后存入记忆的仓库中，使知识成为自己的智慧和才能。

梦境可以帮助你进行创造性思维，许多著名科学家、文学家的丰硕成果，不少亦得益于梦的启迪。有人对英国剑桥大学卓有成就的学者进行调查，结果有70%的学者认为他们的成果曾在梦中得到过启发。瑞士日内瓦大学对60名数学家也做过类似调查，有51人承认许多疑难问题曾在梦中得到解答。如果人不会做梦，则有可能在某种程度上导致心灵及个性上的紊乱，甚至影响思维灵感的发挥。

无梦睡眠不仅质量不好，而且还是大脑受损害或有病的一种征兆。临床医生发现，有些患有头痛和头晕的病人，常诉说睡眠中不再有梦或很少做梦，经诊断检查，证实这些病人脑内轻微出血或长有肿瘤。医学观察表明，痴呆儿童有梦睡眠明显地少于同龄的正常儿童，患慢性脑综合征的老人，有梦睡眠明显少于同龄的正常老人。

最近的研究成果亦证实了这个观点，即梦是大脑调节中心平衡机体各种功能的结果，梦是大脑健康发育和维持正常思维的需要。倘若大脑调节中心受损，就形成不了梦，或仅出现一些残缺不全的梦境片断，如果长期无梦睡眠，倒值得人们警惕了。当然，若长期恶梦连连，也常是身体虚弱或患有某些疾病的征兆。

心理启示

弗洛伊德认为，人会不停地产生愿望和欲望，这些愿望和欲望在梦中通过各种伪装和变形表现和释放出来，这样才不会闯入人的意识，把人弄醒。也就是说，梦能帮助人们排除意识体系无法接受的那些愿望和欲望，是保护睡眠的卫士。

心理变态的产生因素

日常生活中,我们常常听到有人说某个人变态,这只是一句戏谑之言,对于什么是真正的心理变态,大概人们无法给出具体的定义。那么,有些人为什么会心理变态呢?心理学家给出的答案是:在心理变态者的内心需要与欲望满足没有平衡。

心理变态又称"心理异常""心理障碍"。指人的知觉、思维、情感、智力、意念及人格等心理因素的异常表现。

变态或接近变态的心理有很多种,如催眠状态、梦游、幻觉、性变态以及各种精神病和神经病等。另外,心理变态不只包括这些外显的、可以由他人察觉出来的活动或精神异常,也包括那些思想、情绪、态度、能力、人格特征等各方面内隐的异常。

我们再举几个例子：

比如说吃饭，如果一个人在饥饿的状态下，突然看见食物，那么，他很有可能会因为太过饥饿而饥不择食，也不管食物的好坏。这一点，我们在很久之前的战场上都会找到案例。那些上阵杀敌的战士，在回到祖国的时候，看见鲜美的食物，就毫无顾忌地吃，到最后，有些人还撑死了，其实，这都是因为他们对于食物的欲望被长时间压抑以后出现的变态反应。

另外，生活中，我们发现，很多小孩子有奇怪的行为，他们喜欢抠墙土吃，挖泥吃，这就是人们说的"异食癖"，这都是一种被压抑，没被满足的欲望从另外一种变态的角度表现出来了。

还有一种是我们常见的，就是被压制的性欲，当性欲被压抑到一定程度后，就会反应到一些奇奇怪怪的事情上。比如说，男女之间，产生心理欲望，是一件再正常不过的事情，但当这些欲望一直被压抑后，就很容易变态，变态到男人对女人没有感觉，倒是对女人穿的衣服有感觉了。于是开始疯狂地偷女士的内衣，然后收藏起来，这就是"恋物癖"。还有人会发生"恋兽癖""偷窥癖"等。

这种欲就是我们说的被过分压制以后出现的变态反应,叫"嗜欲"。

所以,很多人考验自己的男朋友或者老公,是只对自己的肉体有欲望,还是真的对自己动了情,有一个很简单的判别方法,就是在结束性爱以后,男友或者老公是倒头呼呼大睡,还是跟她有缠绵、有话说或者有交流。如果他转身倒头就睡,意思是他生理功能满足了,他这种"欲"就没了。

世间万事万物,都有一个度,人的欲望也是如此,凡事过度,混淆了欲望和需求的定义,就会到一种变态的地步。

一个人是不是变态,其实我们可以从他的心灵窗户——也就是眼神来判断。如果他对某个事物产生特别的喜好,那么,他会动心,会兴奋,会不自觉瞳孔放大,也就是人们常说的"出神"。所以,过分地放纵自己的欲望以后,眼睛会开始疲劳,然后会"出神"。我们说养神怎么养,就是通过闭目来养。

心理启示

人的欲望就是渴望被充实、满足。有些人认为欲望就是内心的需求，而其实，这是两个概念，我们不可压抑它。一些人之所以心理变态，就是因为他们一味地压抑内心的欲望。因为你在压抑欲望的同时，它最终会通过其他一些方式发泄出来。

如何克制欲望,不做欲望的傀儡

心理学故事:

美国著名的心理学家米卡尔曾经做过一个著名的"糖果实验"。

实验的对象是一群四岁的孩子。米卡尔将他们留在一个房间里,发给他们每人一颗糖,然后告诉他们:"我有事情要出去一会儿,你们可以马上吃掉糖,但如果谁能坚持到我回来的时候再吃,就能得到两块糖。"他离开后,大概有百分之三十的孩子因为经受不住糖果的诱惑而吃掉了糖;有一部分孩子一再犹豫、等待,但还是忍不住将糖塞进了嘴里;而另外一部分孩子却通过做游戏、讲故事甚至假装睡觉等方法抵制诱惑,坚持了下来。20分钟后,实验者回到房间,坚持到最后的孩子又得到了一块糖。

实验者跟踪研究了14年后,发现前后两种孩子的差异非常显著。坚持下来、自制能力强的孩子社会适应力较强,较为自信，人际关系也较好，也较能面对挫折，会积极迎接挑战，不轻言放弃。相反，那些自控力差的孩子怯于与人接触，优柔寡断，容易因挫折而丧失斗志，经常否定自己，遇到压力容易退缩或不知所措，更容易嫉妒别人，更爱计较，更易发怒且常与人争斗。

这些孩子在中学毕业时又接受了一次评估，结果表明，4岁时能够耐心等待的孩子在校表现更为优异，他们学习能力较好，无论是语言表达、逻辑推理、集中精力、制订并实践计划、学习动机等都比较好。更让人意外的是，这些孩子的入学考试成绩普遍较高；而最迫不及待吃掉糖果的那三成孩子，成绩则最差。

由此，我们可以看到，一个人若想成功，跟他能否控制住自己的欲望有非常密切的关系。人们分析发现：古往今来，凡是成功人士，他们往往具有一个共性特质：善于自律，以达到某种目标。我们都听过这样一句话："上帝要毁灭一个人，必先使他疯狂。"这句话的意思是，一个人，一旦失去了自制力，那么，他距离灭亡的距离也就不远了。的确，一个人如果连自己的行为也不能控制，又怎么能做到以强大的力量去影响他人，获得成功呢？

我们不难发现，随着物质生活水平的不断提高，很多人都过上了衣食无忧甚至是奢华的物质生活，而这也造成了一些人贪图享乐的心理，久而久之，他们的意志力和自控力逐渐被磨灭。然而，我们都知道，很多时候，一个人能否控制住自己的欲望，是否有自制力，它的意义就好像汽车的方向盘对于汽车一样。不难想象的是，一辆汽车，如果没有方向盘的话，它就不能在正确的轨道上行驶，最终也只能走向车毁人亡。

心理启示

一个人，如果能战胜自己的欲望，那么，他就是个自控能力强、意志力强的人。我们生活中的每个人，都要记住，你虽然平凡，但你也依然可以追求不平凡的生活。只要经常修剪自己的欲望，任何环境中的人，都可以走向成功。

身心健康有赖于自我控制

心理学故事：

20世纪60年代，科学家们做了很多研究，其中有些研究让饮食研究发生了革命性变化。他们曾经做过这样一个实验：

一天下午，研究人员找来一些被试者，他们被安排在一个房间里做问卷，这些问卷的题目很多，需要很长时间才能完成。

研究者在房间内放了一些零食，有巧克力，有奶昔，这些被试者可以一边做问卷一边吃零食，在被试者的旁边，还放了一个时钟。为了达到实验目的，研究者对时钟做了点"手脚"，研究者发现，当他把时钟调快一点时，肥胖者比其他人吃得多，因为时钟告诉他们，快到晚饭时间了，是时候饿了。他们不留意身体的内部信号，而是根据时钟的外部信号吃东西。

这个实验给了我们一个启示：对于食物，人们的需求与自身的心理因素有很大的关系，很多时候，人们只是"想"吃，而不是"饿"了，也有时候，他们并不是"吃饱了"就"不吃"了，而是根据外部信号而做出决定。这一点，大概也是一些人暴饮暴食的原因。认识到这一点后，我们就必须要学会在饮食上控制自己。否则，一旦我们的饮食习惯失去常性时，我们就后悔莫及了。

专家警告说，一旦染上"吃瘾"，要想改变这种危害身心的饮食习惯，其实比那些有毒瘾和赌瘾的人戒掉恶习更艰难，因为，我们每天都需要"吃"，以此来补充身体的能量，我们不可能彻底戒掉"吃"。

可能很多身体肥胖的人在饮食上都有这样一个感受：他们有一些被禁止的食物，但他们偶尔会心痒，会主动去尝试一下这些食物，他们认为只吃一口没什么事，但他们没有料到的是，他们根本没有毅力控制自己不去吃第二口，吃了一种被禁止的食物就会想吃第二种。等意识到这个问题的时候，他们发现自己在半个小时内已经吃掉了相当于一个月的被禁止的食物。

而导致无节制饮食的关键是没有始终把自己的行为和最

终目标联系在一起。你要问自己，你吃的目的是什么，吃完是否达到目的了？如果你能得出正确的答案，你就能做出明智之举。

事实上，人们也找到了许多能够应付无节制饮食的方法。对于某些在饮食控制这一问题上意志力较差的人来说，最好的方法就是在饮食的时间、地点以及内容上预先设定好。同时还有一些规则来帮助抵抗无节制饮食的欲望。

（1）某些食物坚决不要尝试，也就是说，没有开始就不存在停止一说。

（2）最好不要独自进食。在与他人同时进食时，暴饮暴食会让你感到尴尬，你也就能收敛自己的嘴。

（3）尽量避免和那些与你有同样饮食问题的人一起进食，因为他们的饮食习惯也会给你错误的暗示。

（4）不要在家中存储那些会诱惑你的食物。

（5）用餐之后，请立即把所有的餐具刷洗干净，然后刷牙、洗脸，这样，有事可做的你便不会因为无聊而再去进食。

以上这五点规则可能会对你有所帮助。总之，你要对你自己负责，要把无节制饮食的习惯彻底根除，而不是向它投降。

> **心理启示**

无节制的饮食会对我们的身心产生巨大的危害：身体上，摄入食物太多，热量过高，会导致肥胖、高血压等一系列身体问题。精神上，饮食紊乱会加重神经的负担，而后又会加剧饮食紊乱，如此恶性循环，最终我们便很难摆脱饮食无度带来的苦恼。曾有医学专家提出了这样的忠告，如果感到饥饿，就吃清淡和精致一点，在快饱了的时候，马上放下手中的食物，会帮助你有效地控制自己的食欲。

不要陷进欲望的漩涡

心理学故事：

从前，有一户人家，弟兄三人。

老大比较是笨，村里人认为他是个智力不健全的人，如今，他已经四十好几了，还没娶妻生子，一个人住在一间破茅屋里，连一件像样的衣服都没有。有人问他："你最大的心愿是什么？"他情不自禁地脱口而出："天天有新衣穿。"

老二，则是小康之家，衣食无忧，但也不知道为什么，他偏偏长相难看，结果，只能娶一个很难看的妻子。所以，当问到他的心愿时，他就迫不及待地说："天天娶美妻。"

而老三是个聪明人，会做生意，现在的他已经是富甲一方的人了，当人们问他有什么心愿时，他却毫不顾忌地说："挖一窖金。"……

这是个故事，但从中足可以深刻地看出人的贪婪之心。

"人心不足蛇吞象",多么贴切的比喻。贪婪之心,就像是一个恶魔,一旦附身,就会让人迷失自己。仔细再想,其实我们每个人又何尝不是如此呢?读过这个故事,我们都应该好好反思一下。如果我们能舍弃这些无止境的欲望,想想自己到底需要什么,我们是不是会收获更多呢?

人们常说"欲壑难填",尤其是对物质欲望、富贵荣耀、名利的追求,更是无穷无尽,而这,很可能会让我们迷失自己,保持一颗平常心,拿捏好尺寸,才能得之淡然、失之坦然,才能合理地节制自己的欲望!

《论语别裁》中说:"有求皆苦,无欲则刚。"其实,有欲,是人的一种生理本能,每一个人都有形形色色的"欲"。把欲望控制在一定范围内,它能成为我们奋斗的动力,然而,这个前提就是"度",如果欲望的心没有节制,那么,人就会有越来越多的贪念,最终导致欲壑难填。在生活中,越来越多的贪求欲者被物欲、财欲、权欲等迷住心窍,攫求无度,终至纵欲成灾。然而,一个人活着就无法摆脱各种各样的欲望,只要有欲望,就会有所求,而有所求又必然导致人们与痛苦纠缠。

其实,不管你是在温室中成长,还是在困苦中挣扎,欲望都会存在于你的心中，欲望可以成为我们的信念，支撑我们渡过难关，但是欲望也像鸦片，容易上瘾。皮埃尔·布尔古说过："人们常常听到这样一句话：'是欲望毁了他。'然而，这往往是错误的。并不是欲望毁了人，而是无能、懒惰，或糊涂。"

然而，现代社会中的人们，对于欲望，拿起来容易，舍下却难。生活在商品经济的大潮中，每个人都要面对物欲横流的红尘世界的诱惑，那些纷纷扰扰的现实，时刻都在迷惑着人们的眼球，欲望追求加快了人们前进的脚步，总觉得不远处的鲜花和掌声正在向我们招手。其实，舍弃这些无止境的欲望也并非难事，只要我们学会关注眼前的幸福，体会人生，去欣赏生活中点滴的美好，我们的心境自然会豁然开朗。可见，有时，我们要懂得享受过程，真正让我们得到满足的也是过程，人的一生也是如此，最美的不是结果，而是人生的旅途。

心理启示

生命的过程不可能重新来过，因此，我们必须珍惜这仅有一次的生命。面对名利，我们必须要学会自控，充实自己的内心，坚守自己的心灵，以清醒理智的态度、步履从容地走过人生的岁月。只有这样，我们的生活才会更加轻松自在，我们的人生才会丰富多彩，豁然开朗！

第二堂课

荣格"心灵"课：潜意识中的自我人格探索

荣格对"心灵"一词大概怀有某种偏爱，他把人格的总体称为"心灵"，认为心灵包含一切有意识的思想、情感和行为。心灵既是一个复杂多变的整体，又是一个层次分明相互作用的人格结构，意识、个人无意识和集体无意识是心灵的三个层次。

听荣格讲意识

有人说,历史上,唯有极少数的灵魂拥有宁静的心灵,以洞悉自己的黑暗。而开创分析心理学的大师——荣格,便是这少数之一。

荣格(1875年7月26日—1961年6月6日)出生于瑞士,是著名的哲学家、心理分析学家,他是分析心理学的开创者。

早年的荣格曾与弗洛伊德一起工作,曾被弗洛伊德任命为第一届国际精神分析学会的主席,后来由于两人观点不同而决裂。与弗洛伊德相比,荣格更强调人的精神有崇高的抱负,反对弗洛伊德的自然主义倾向。

荣格的家庭是一个对宗教相当热衷的家族,他八个叔叔及外祖母都是神职人员,父亲则是一位虔诚的牧师,几乎把信仰当成他生命的全部。浓厚的宗教家庭氛围培养了荣格的神秘主义倾向。

和弗洛伊德的关系决裂后,荣格开始了他的危险历程。

在1914年时，他辞掉了职位，开始了连续的旅行，并专心地去探讨自己的潜意识。

在荣格看来，意识心理学能帮助我们解释人类对现实生活的欲求，但如果一个人患有神经官能症，那么，一份既往病史还是很必须的，因为它比意识里的知识更能深刻地展示一个人；另外，每当需要做非比寻常的决定时，我们就会做梦，如何诠释这个梦，也需要比个人记忆中更多的知识才行。

荣格认为精神病患者的幻想或妄想是建立在自古以来的神话、传说、故事等共通的基本模式上的，因此他提倡所谓原型的观点。以此观点为基础，他广泛着眼于世界宗教中，而反对所谓的欧洲中心主义，不断努力促使支撑欧美文化的基督教与自然科学两者相对化。

在荣格的研究中，他用了很多特定的词汇来描述心灵的各个部分，包括经常被人们提及的"意识"和"潜意识"。这些概念源自于他大量的临床观察经验，涵盖他早期所做的词语联想的实验研究，而词语联想则是日后多种波动描记器的前身，也是心理情结这个概念的基础。

荣格的分析心理学，他的集体无意识理论，不仅对精神分析做出了伟大的贡献，对心理学和精神病学产生了影响，而且深深波及宗教、历史和文化领域,著名学者汤因比、伟利和马姆福德等都把荣格看作一种产生灵感的源泉。

荣格概念中的心理图谱可划分成两个基本的区块:意识与潜意识。潜意识又可以进一步区分为个人潜意识和客体心灵。荣格之前用"集体潜意识"这个词来指称客体心灵,而集体潜意识这个词至今依然是讨论荣格心理学时使用最广泛的词汇。荣格提出客体心灵这个词,是为了避免与人类的各种群体有所混淆,因为他想特别强调的一点就是,人类心灵的深度一如外在、"真实的"、集体意识的世界一样的客观真实。心灵有四个层次:

1.个人意识

或称日常的觉察;也称自我,是人有意识的心智,是心灵中关于认知、感觉、思考以及记忆的那部分。

2.个人潜意识

其之于个别心灵而言是独特的,但无法被察觉;由心灵中曾经被意识到,但又被压抑或遗忘,或一开始就没有形成有意识的印象构成。它类似于弗洛伊德的前意识。

3.客体心灵

或称集体潜意识,人格中最深、最不易碰触到的层次。在荣格看来，如同我们每个人在个人潜意识里积累并存放所有个人记忆档案那样，同样，人类集体作为一个种族，也在集体潜意识里存放着人类和前人类物种的经验。

4.集体意识

其显然是人类心灵普遍存在的结构；集体意识中的世界，有共同价值与形式的文化世界。

心理启示

荣格的意识心理学研究的是心灵的结构和动力，分为意识和潜意识两部分，后者扮演补偿意识形态的角色，如果意识太过于偏执相对，无意识便会自动地显现，以矫正平衡。潜意识可以透过内在的梦和意象来调整，也可能成为心理疾病，它的内容可以外显出来，以投射作用的方式出现在我们的周遭生活。

人格能遗传吗？

心理学故事：

荣格出生在一个犹太家庭，他有两个哥哥，但都在他出生之前夭折了；他的父母不和睦，经常吵架，母亲的性情反复无常。自小荣格便具有特别的个性，是个奇怪而忧郁的小孩，他大多是和自己作伴，常常以一些幻想游戏自娱。

到了6岁之后，除了父亲开始教他拉丁语课外，也开始他上学的生涯，借着和同学们的相处，荣格慢慢发现家庭之外的另一面。多年之后回想起来，他将自己分成了两个人格——一号和二号。一号性格是表现在每天的日常生活中，此时的他就如同一般的小孩，上学念书、专心、认真学习；二号人格犹如大人一般，多疑、不轻易相信别人，并远离人群，靠近大自然。

荣格的一生，他把主要精力都放到了心灵的研究上，在个体的潜意识之外，他又发现了一种社会或集体的无意识,并以此来解释个体以及集体的行为。

荣格对此解释,"集体无意识是心灵的一部分,它有别于个体潜意识,就是由于它的存在不像后者那样来自个人的经验,因此不是个人习得的东西。个人无意识主要是这样一些内容,它们曾经一度是意识的,但因被遗忘或压抑,从意识中消逝了。至于集体无意识的内容则从来没有在意识里出现过,因而不是由个体习得的,是完全通过遗传而存在的。个体潜意识的内容大部分是情结,集体无意识的内容则主要是原型。"所谓原型,指的是人心理经验的先在的决定因素。原型的存在促使了个体按照他的本族祖先遗传的方式去发生某种行为。事实上,人类的很多集体行为,都可以用原型来解释,由于集体无意识可用来说明社会的行为,所以荣格的这一概念对于社会心理学有着深远的意义。

荣格认为,心理分析人员最重要的工作就是找到心灵力量的动向。他指导许多前来求诊的人,让他们接受并学习他的方法,成为心理分析家。但是他常告诉他的学生们:"分析是面对面的参与,每一个病人都是独特的例子,而且,只有受过伤的医生才知道要如何助人。并且记住,不要追问病人婴儿时期的记忆,不要忘了灵性方面的问题,更不可忘记病人的秘密故事。"

荣格认为原型有许多表现形式,但以其中四种最为突出,即人格面具、阿尼玛、阿尼姆斯和阴影。一个人经常会用人格面具来掩饰真正的自我,这也是现代人所说的"角色扮演",意指一个人的行为常常是为了契合别人对他的期望。

阿尼玛和阿尼姆斯的意思是灵气,分别代表男人和女人身上的双性特征,阿尼玛指男人身上的女性气质,阿尼姆斯则指女人身上的男性气质。阴影接近于弗洛伊德的伊底,指一种低级的、动物性的种族遗传,具有许多不道德的欲望和冲动。除这四种原型之外,荣格的"自性"概念也是一种重要的原型,它包括了潜意识的所有方面,具有将整个人格结构加以整合并使之稳定的作用。

与集体无意识和原型有关的另外一个概念是曼达拉,意指在不同文化中反复出现的一种象征,表现为人类力求一种整体的统一。

因此,从荣格的理论中,我们可以确定的是,祖先能遗传给他们心灵世界。

> **心理启示**
>
> 个人层次的心灵是以客体心灵或集体潜意识里的原型为基础的。个人的领域，不管是属于意识或潜意识的层次，都是从客体心灵这个母质发展出来的，并且持续以深刻而动态的方式与心灵这些更深层的领域发生关联，虽然以此发展出来的自我不免天真地以为自身才是心灵的中心。这就好比太阳是绕着地球转，或者地球是绕着太阳转这两者思维的差别。

剖析自己和他人的人格

心理学故事：

小王是一名外企职员，负责市场部的信息工作。最近，小王接到了经理分配的一个任务，那就是探清楚合作公司的虚实，因为该公司有利用这种商业联谊窃取商业机密的嫌疑。

这下可把小王急坏了，这根本是件没有突破口的任务，在对方公司，小王并没有认识的熟人。苦苦思索之后，小王豁然开朗，既然没办法让他们自己承认，就只有主动出击了，他想到的办法就是让对方代表"酒后吐真言"。

那天，小王把对方代表约出来，两人很快就称兄道弟起来，然后小王开始慢慢地给对方灌酒，对方代表的酒量不好，不一会儿，就开始"胡说八道"，小王乘机问："你们公司和我们公司合作到底是为了什么？"从那个人"口供"中，如小王和所有领导所料，他们公司只不过是为了获得第三方的资料。

现代社会中，人们从事社交活动，多是带有一些目的，其中也不乏对我们不利的目的。我们只有学会剥开他人的人格面具，识别对方的真实目的，才不会在交际中被人利用。现实生活中，一个高明的人，无论是做人还是做事，都能以理智的态度面对，他们既能看到自己行为的不足，从而更完善自己的言行，也能从他人的一言一行中观察对方的内心世界，做出更进一步的交际措施。

如果人们在生活中戴上了面具，就很难让人识别他的真相。在演戏中，演员都会化装，也是为了使人认不出真实的他。我们可以说，戴面具是人们真实生活的变形或升华，反映了人们的某种内在情感和企图，而又超越于现实生活之上，是内在自我的变形表现，与客观的内我有着一定的差异。当然，所谓的面具，不是一定要戴在脸上，也可以是一些掩饰的语言或行为。

这里有一个很有趣味的表现形式，就是西班牙妇女十分有趣的"扇语"。风情万种的西班牙妇女通常会借助扇子来表达对男人的感情：如将扇子半遮面部，意思是在问对方"你喜欢我吗？"将扇子贴近脸颊，是说"我爱你"；把扇子开了又合，合了又开，是告诉对方"我非常想念你"；把扇子翻来翻去，是表示"你真讨厌"；用右手快速摇扇子，是向对方发出"快离开我"的警告；将扇子收折起来，是表明"你这个人不值得一爱"；而将扇子掷在桌子上，则是宣告"我不喜欢你"。

西班牙女人特殊的传情达意的方式，就是"内我"和"面具"在社会生活中的显现。再以简单的家庭生活为例，一个男人，明明生了老婆的气，但依然用微笑来掩饰自我。

人格是由"面具"（persona，简称"人格面具"）构成的。一个面具就是一个子人格，或人格的一个侧面。人格就是一个人所使用过的所有面具的总和，人在不同的场合使用不同的面具，而且无时无刻不戴着面具。摘掉"假面具"后所暴露出来的"真面目"也是一个面具。因此，面具没有真假之分，只有公开面具和隐私面具的区别。时刻戴着面具，意味着所有的心理活动都是通过面具来表达的，心理障碍就是"面具障碍"。

那么，生活中的你，是否也带着人格面具呢？

心理启示

荣格认为，人格是通过个体的性格、气质、能力特征所表现出来的人的个体尊严、价值、道德品质的总和。现实生活中，每个人都生活在一定的"角色丛"中，每个人都有多套"面具"。人格面具之所以被普遍使用的内驱力，就在于人的需求。但是，无论人格的内在状态和外在状态的具体情形是多么复杂多变，最终都可以从对立统一的规律中把握其双重人格。

发现自我，聆听自己的心声

心理学故事：

夜幕降临，喧闹的城市终于安静了下来。

他和所有的城市白领一样，忙完一天的工作后，准备回家，但心情郁闷的他还是决定去呼吸一下新鲜空气。今天，他和上司吵架了，他们在下半年的年度计划安排上产生了很大的分歧，他遭到上司的批评，在考虑要不要辞职的事。

他把车停在了护城河边上，接下来，他打开自己喜欢的轻音乐，然后靠在了椅背上，他感觉自己好累。在这家公司工作了五年，五年来，他一直很努力，但不知道为什么好像总是得不到上司的肯定，也一直没有得到晋升的机会。可以说，他在这家公司一直工作得不开心，这到底是自己的原因还是因为没有得到肯定呢？

他反复思考着这个问题，最终发现，原来自己根本不喜欢这份工作，他一直倾向于设计类的工作，从大学开始，设计就是他的职业理想，但毕业后的他却因为生计问题选择了现在的工作。

想通了以后，他轻松了很多。第二天，他将辞呈放到上司的办公桌上，离开了公司，这让很多同事感到愕然，但其中原由只有他自己知道。

故事中的"他"为什么做出辞职这个重大决定？因为他静下心来发现，自己的职业理想并不是现在的工作。

挪威航海家弗里德持乔夫·南森说："人生的第一大事是发现自己，因此，人们必须不时孤独和沉思。"是啊，学会探究自己的心灵，你才会发现真正的自我。学会聆听自己的心声，你才能更加从容地上路。

任何一个拥有自我的人，都能做到静静地倾听自己内心的声音，以此认识到自己不为人知的另一面，这一面或许是为人处世中的不足与优势，或许是某种特长等，但无论是哪一方面，只要我们能及时探究，就有利于自身的发展。

我们生活的周围，一些人却把命运交付在别人手上，或者人云亦云，盲目跟风，他们忽视了自己的内在潜力，看不到自身的强大力量，甚至不知道自己到底需要什么，不知道未来的路在哪里，于是，浑浑噩噩地度过每一天，一直在从事自己不擅长的工作和事业，以至于长期无所成就。因此，我们要做到的是倾听自己内在良知的声音，寻找到属于自己的人生意义，然后勇往直前坚持到底。

现实生活中的人们，都要学会独处，只有这样，我们才能从人群和繁琐的事务中抽身出来，回到了自己。这时候，我们独自面对自己和上帝，开始了理智与心灵的最本真的对话。诚然，与别人谈古论今、闲话家常能帮我们排遣内心的寂寞，但唯有与自己的心灵对话、感受自己的人生时，才会有真正的心灵感悟。和别人一起游山玩水，那只是旅游；唯有自己独自面对苍茫的群山和大海之时，才会真正感受到与大自然的沟通。

任何一个人，只有学会倾听自己内心的声音，才可能不断挖掘出自身发展过程中不足的部分。面对激烈的竞争，面对瞬息万变的环境，那些不愿意反省自己或者不愿意及时改正错误的人，必将面临衰败的结局。同样，在快节奏的信息社会中，一个人如果不能及时察觉自身的缺点，不能用最快的速度修正自己的发展方向，也必然会在学业和事业中落伍，被无情的竞争所淘汰。

> **心理启示**
>
> 跟自己的心灵对话，才能让它得到净化。只有静下心来，才能回归自我。心灵有家，生命才有路，心智才会成熟，心胸才会宽广。

完善自我意识

心理学故事：

在一座古庙里，年轻的小和尚问方丈："听说除了我们生活的世界外，还有天堂和地狱，那地狱到底是什么样的地方呢？"

面对小和尚的疑问，老方丈这样回答道："那个世界内，既有天堂，也有地狱，其实，表面上看，它们并没有太大差别，只是人们心不同。"

老方丈的话让小和尚更迷糊了："怎么不同呢？"

老师继续讲道："在地狱和天堂里，其实都有一个相同的锅，锅里煮着味道鲜美的面条，但是，要想吃到面条却很辛苦，因为只能使用长度达一米的筷子。面对食物，住在地狱的人，他们争前恐后地抢着吃面条，但可惜的是，筷子太长，面条不能送到嘴里去，最后他们开始抢夺别人的面条，于是，一口锅内的面条全部洒了，谁也没吃到。这就是地狱内的人的生活。"

"那住在天堂里的人是怎样生活的？"小和尚好奇地问。

"和地狱里的人相反，住在天堂的人，他们都知道，要想自己吃到面条是不可能的。他们用自己的长筷子夹住面条，就往锅对面人的嘴里送，'你先请'，让对方先吃。这样，吃过的人说'谢谢，下面轮到你吃了'，作为感谢和回赠，帮对方取面条。所以，天堂里的所有人都能从容吃到面条，每个人都心满意足。"

听完方丈的话，小和尚若有所思。

我们是住在地狱还是天堂，完全取决于我们的心。这就是这个小故事想要告诉世人的道理。

我们都知道，自私是一种较为普遍的心理现象，是一种近似本能的欲望，人都有追求某种需要的权利，都希望发展自己，但如果我们不对自己的私欲加以控制，那么，就可能做出损人利己的事来，甚至还会触犯到道德和法律的底线。然而，自私是一种处于人的心灵深处的心理活动，隐藏得较深，有自私行为的人并非已经意识到他在干一件自私的事，相反他在侵占别人利益时往往心安理得。因此，如果你是个自私的人，如果你想改变自己，就需要从改变你的潜意识开始。

有人说，在人类的灵魂里，同时住着魔鬼和天使，他们一直在角斗。魔鬼，一定代表罪恶。天使，一定代表善良。魔鬼与天使的差别往往只是一念之差，一步之遥。善恶一念之间，但为善还是为恶，是可以通过思维意识控制的，善意的思考和恶意的思考自然而然就导致事物最终走向不同的结果。日常生活中，我们都应该培养自己的利他感情，多行善，多为他人着想，那么，最终获利的还是你自己。

事实上，那些自私的人正面临着心灵的荒漠，人格的缺陷，甚至导致人生的失败：他们因得不到某种满足或者把别人的一点点不足过失常常耿介于怀，因此往往痛苦多于欢乐，怨恨多于感动；还可能因为极端的自私和狭隘，而演化成为危害社会、危害他人的危险成分。相反，亡羊补牢，为时不晚，如果你愿意改变自己，那么，你就能获得快乐。的确，多一份宽厚、多一份仁慈，我们的生活就会多一份开心。对别人宽厚仁慈，我们就会收获一份发自内心的尊重、一份鼓励、一份赏识、一份浓浓的爱。这种爱，就是宽容的爱，平等的爱，激励的爱。

> **心理启示**

　　每个人的个性都是后天形成的，因而也是可以通过后天的努力来改变的。因此，即使你是个自私的人，也可以从改变自己的意识开始，纠正自己的自私心理。当有一天，你认为自己是个胸怀坦荡、无私待人的人时，你不但能获得心灵的释放，还可以拥有良好的人际关系，从而最终做到自己借力发力，终成大器。

第三堂课

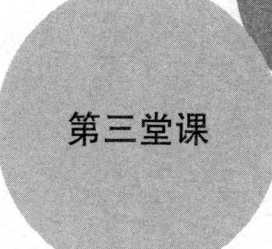

艾宾浩斯"记忆"课：借助心理学探索记忆规律

　　遗忘曲线是由德国心理学家艾宾浩斯研究发现，人体大脑对新事物遗忘的循序渐进的直观描述，人们可以从遗忘曲线中掌握遗忘规律并加以利用，从而提升自我记忆能力。要想做好学习的记忆工作，是要下一番功夫的，单纯地注重当时的记忆效果，而忽视了后期的保持和再认，同样是达不到良好效果的。因此，根据艾宾浩斯的记忆曲线，我们要明白，学习要勤于复习，而且记忆的理解效果越好，遗忘得也越慢。

听艾宾浩斯讲遗忘

德国有一位著名的实验心理学家名叫艾宾浩斯,他是实验学习心理学的创始人,也是最早采用实验方法研究人类高级心理过程的心理学家。

艾宾浩斯生于德国波恩附近巴门的一个商人家庭,他曾先后就读于波恩大学、哈雷大学和柏林大学,在这些学校学习历史、语言和哲学,并为这三所大学建立和扩充了实验室,与克尼格合作创办《感官心理学与生理学期刊》。著有《记忆》(1885)、《心理学原理》(1902)、《心理学纲要》(1908)等论著。

他在心理学上有很大的贡献,比如:

(1)创造无意义音节、完全记忆法和节省法,对高级心理过程的记忆首次进行实验研究,并对记忆做了定量的分析。

(2)首次发现保持与遗忘的规律,即学习后经过的时间越长保持越少,遗忘速度呈先快后慢的趋势,为绘制遗忘曲线提供科学根据。

(3)采用实验和统计方法,对形成联想的过程和条件以及某些联想规律做了较深入的分析,发现影响学习和保持有诸多变量,如材料的长度、意义性、重复率、保持间歇时间等。还考查了过度学习、集中学习、分布学习等效应。

艾宾浩斯在1885年发表了他的实验报告,首先,实验者记忆100个生单词,实验结果显示:

时间间隔	记忆量
刚刚记忆完毕	100%
20分钟之后	58.2%
1小时之后	44.2%
8~9小时之后	35.8%
1天后	33.7%
2天后	27.8%
8天后	25.4%
1个月后	21.1%

数据告诉人们在学习中的遗忘是有规律的,遗忘的进程很快,并且先快后慢。观察曲线,你会发现,学得的知识在1天后,如不抓紧复习,就只剩下原来的25%。随着时间的推移,遗忘的速度减慢,遗忘的数量也就减少。

艾宾浩斯遗忘曲线的过程是这样的:输入的信息在经

过人的注意过程的学习后，便成为了人的短时记忆，但是如果不经过及时的复习，这些记住过的东西就会遗忘，而经过了及时的复习，这些短时的记忆就会成为人的一种长时的记忆，从而在大脑中保持着很长的时间。

那么，对于我们来讲，怎样才叫作遗忘呢？很简单，就是对我们曾经记忆过的东西不再回想起来，或者产生记忆的错误或偏差，这都是遗忘。

艾宾浩斯在做这个测试时是以自己为对象的，通过测试，他得出了一些关于记忆的结论。他选用了一些根本没有意义的音节，也就是那些不能拼出单词来的众多字母的组合，比如asww、cfhhj、ijikmb、rfyjbc等。

他经过对自己的测试，得到了一些数据。然后，艾宾浩斯又根据这些点描绘出了一条曲线，这就是非常有名的揭示遗忘规律的曲线。

这条曲线告诉人们在学习中的遗忘是有规律的，遗忘的进程不是均衡的，不是每天遗忘多少，而是在记忆的最初阶段遗忘的速度很快，后来就逐渐减慢，到了相当长的时间后，几乎就不再遗忘，这就是遗忘的发展规律，即"先快后慢"的原则。观察这条遗忘曲线，你会发现，学得的知识在一天后，如不抓紧复习，就只剩下原来的25%。随着时间的推移，遗忘的速度减慢，遗忘的数量也就减少。有人做过一个实验，两组学生学习一段课文，甲组在学习后不久进行一次复习，乙组不予复习，一天后甲组保持记忆率98%，乙组保持记忆率56%；一周后甲组保持83%，乙组保持33%。乙组的遗忘平均值明显高于甲组。

心理启示

从艾宾浩斯的记忆曲线中，我们可以得出一点，在学习过程中，及时复习，可以抓住记忆的最好时机；经常自测，可以弄清哪些知识没学好、没记牢，哪些地方容易混淆、有误差，以便马上核实校正。

找到自己的最佳记忆模式

心理学故事：

在同学们眼里，丹丹是个过目不忘的人，尤其在英语这门课程上，丹丹似乎什么单词都能记得住，不管老师头一天教了同学们多少个生词，第二天她总是能默写出来。

后来，在一次学习心得交流班会上，丹丹说出了自己的方法："其实，我有个记忆的小窍门，不知道对大家有没有用，自从学习英语以来，我都是这样记单词的。每天晚上睡觉前，我都会复习一遍那些单词的拼写和运用，早上醒来后，翻一翻晚上放在枕边的书，这样双重巩固后，这些单词就立刻浮现在我脑海里了。"

这里，丹丹的学习经验验证了一点：人的黄金记忆时间是晚上入睡前和早上醒来后。

睡前的这段时间可主要用来复习白天或以前学过的内容，对于24小时以内接触过的信息，根据艾宾浩斯遗忘规律可知能保持34%的记忆，此时稍加复习便可巩固记忆。

而早晨起床后，再重新复习一遍昨晚复习过的内容，那么，整个上午都会对那些内容记忆犹新。所以说睡前和醒后这两个时间段千万不要浪费，若能充分利用，必定能收到事半功倍之效。

从艾宾浩斯提出的遗忘曲线中，我们可以看出，遗忘的时间原本就从学习之后开始的，而且遗忘的进程并不是均衡的。随着时间的推进，遗忘的速度是先快后慢的。

我们都知道，人的一生就是由很多记忆组成的，但记忆是个奇妙的东西，很多时候，我们希望记住的事物却常常被遗忘，有些不经意的事物却被深深刻在了我们的脑海中。而对于那些学习中的人来说，拥有好的记忆力能帮助他们更好地学习。然而，令很多学习者头疼的是，我们的大脑似乎很健忘。而如果根据自己的记忆规律抓紧学习，是能获取知识的。

因此，在了解遗忘曲线的同时，做好记忆计划也是十分必要的。具体来说，我们可以掌握以下复习要点：

1.单元系统复习

一般来说，一个单元的知识是有一定联系的，并且，老师在带领学生学习完一单元后,都会对学生进行单元检测,在单元复习时,要抓重点和难点,并使知识系统化、结构化。对错题进行再次练习被证明是提高成绩的法宝。

2.多种形式复习

复习是对已学习到的知识的重新编码,我们应充分利用各种形式整理知识,例如,听、说、读、写、背、看,而不需要机械地采用一种方法。

3.掌握最佳的复习时间

在听课后,你需要在相当短的时间内进行复习,否则,老师上课的内容很快会被你遗忘。

4.假期坚持复习

每年的寒暑假以及五一、国庆等,假期都比较长,我们除了完成家庭作业外,还应督促自己要适当复习,防止遗忘。在节假日,你还可以适当阅读课外书,加深和拓宽对知识的理解、巩固和运用。

知识的积累,就像建造房子,从砖到墙、从墙到梁,是一个循序渐进的过程。学习也一定要掌握一定的方法,这样,复习的时间不需要很长,但效果会很好,磨刀不误砍柴工,就是这个道理!

> **心理启示**

根据艾宾浩斯遗忘曲线，我们可以发现的是，遗忘的规律是先快后慢，特别是识记后48小时左右，如果不经再记忆，遗忘率则高达72%，所以不能认为隔几小时与隔几天复习是一回事，应及时复习，间隔一般不应超过2天。

人脑是如何储存信息的

心理学故事:

有这样一个实验:

研究学者的研究对象是老鼠,其中的一个样品是转基因老鼠,而它已经被除去了回忆陈旧记忆的能力,这样做的目的是为了要确定老鼠大脑前扣带脑皮质在记忆处理过程中扮演的角色。

保罗·弗兰克兰博士是多伦多病童医院研究所科学家、多伦多大学生理学助理教授,他说,"众所周知,大脑中的海马体,其机能是处理近期记忆,但不能永久地储存记忆,我们经过研究发现,那些陈旧的、或者永久的记忆是在前扣带脑皮质中得到存储和恢复。"

弗兰·克兰博士还说,"我们认为海马体和大脑皮质之间存在着活跃的交互作用,在这两个区域之间所进行的记忆传递处理过程可以一直持续数周,甚至在人睡觉的时候也在进行。"

加州大学洛杉矶分校神经生物学教授阿辛诺·斯里瓦说:"在大多数人看来,记忆是他们一生体验的积累,但一直以来,我们对大脑如何储存和记忆的问题却是迷惑不解。现在,我们已经知道了该从哪里入手,这有助于我们进一步开发出有效的药物来治疗与记忆混乱有关的大脑疾病。"

从这个实验和弗兰·克兰博士的总结中,我们可以得出一些关于大脑信息储存的知识,储存近期记忆的是海马体,而永久性记忆是在前扣带脑皮质中得到存储和恢复。

那么,什么是海马体?

所谓海马体,又名海马回、海马区、大脑海马,海马体主要负责学习和记忆。在我们的日常生活中,短期记忆会被储存到海马体中,比如,某个记忆片段、某人的电话号码或者地址等,都会被存入海马体中,而当这些记忆被重复记忆的时候,就会自动将其转存入大脑皮层,成为永久记忆。

可见,在记忆的过程中,海马体充当的是转换站的功能。当讯息传递到我们的大脑皮质中的神经元时,接下来,它们会把讯息传递给海马体。假如海马体有反应,神经元就会开始形成持久的网络,但如果没有通过这种认可的模式,那么脑部接收到的经验就会自动消逝无踪。

在记忆的生成过程中，有两种情况：第一种是新记忆的形成，它包含着神经细胞之间的突触连接加固的过程；而回忆的过程则包含了神经细胞或者神经细胞网络被重新激化的过程。随着记忆的老化，神经细胞网络也逐渐改变。刚开始时，日常事件的记忆似乎主要依靠大脑中海马体的神经细胞网络来完成，然而随着时间的推移，这些记忆日益变得依靠大脑皮质来进行。

人脑的思维形式有两种：一种是形式化思维，是人脑演绎能力的表现；另外一种是模糊性的思维。是人脑归纳能力的表现，可同时进行综合的整体的思考。

在任何人的一生中，每个小时大约都有1000个神经细胞发生障碍，一年内有近900万个神经丧失功能，然而，即使如此，我们的大脑也没有瘫痪，仍能正常地工作，最主要的原因，就是大脑有足够的"后备军"。一些神经细胞发生故障，另一些"备用"的神经细胞马上顶替上来。

从人脑的工作原理上，科学家们受到了启发，从而研制成功了现在人们熟悉的计算机。可以说，20世纪最大的发明就是电脑。它具有非凡的计算能力，现代最快的计算机在1

秒钟内，能完成上亿次运算，这样的计算速度和计算过程的可靠性，是人工计算望尘莫及的。计算机还能模仿人的某些感觉和思维功能，按照一定的规则进行判断和推理，代替人的部分脑力劳动。正因为这样，计算机受到了人们的高度重视，被称之为"电脑"，而且在各个领域里得到了广泛的应用。

心理启示

我们的大脑对于日常生活中得来的信息是通过分门别类来存储的，譬如物体和人脸就属于不同的类别，分存于不同的脑区。记忆其实就是大脑神经细胞之间的连结形态。不过要储存或抛掉某些信息，却不是有意识的行为，而是由人脑中一个细小的构造——海马体来处理。

学好英语的方法

心理学故事：

小俊是班上的"大忙人"，似乎他的时间总是不够用。他的爸爸认为未来社会语言能力很重要，于是，没有征求小俊的意见就为他报了各种英语学习班，有口语班、听力班等，小俊连自己的时间都没有，周六上午去练口语，下午要练习听力，还要完成老师布置的课下作业，时间被排得满满的。

每当周末去培训班的路上，小俊看到同龄的孩子在自由玩耍的时候都特别羡慕。他多想和爸爸说他不喜欢那些培训班，但是看到爸爸陪他时的辛苦，又难以开口。他觉得很压抑，生活得很不开心，这些培训班已经影响了他的正常学习。

可能很多人和故事中小俊的父亲一样，认为学习英语最好的方法就是勤奋、专注，只有勤奋练习，才能获得好成绩。而其实，我们都知道，英语最重要的就是记忆。依照艾宾浩斯遗忘曲线，我们也应该明白，只有按照大脑的记忆规律，才能把输入的信息变成长时规律。这就大大地说明了，各种速成学习法是靠不住的。最多只能增加你的短时记忆。而如果每周学习时间超过大脑可以负荷的学习时间，其学习就会变得无效，被大脑遗忘。但同时，我们也应该明白，在相同的有限学习时间内，如果可以遵循一定的规律记忆学习，就会比单纯的突击能取得更好的效果。

为此，心理专家为我们指出几条学习英语的方法：

首先，找到最佳的记忆单词的方法。

一些人认为，单词背得越多越好，其实，一个人的词汇量是一个长期的日积月累的过程，绝不是一两个月的突击就能有好效果的。况且，大部分人都没有这么好的记忆力，会被这种枯燥的背单词"工程"吓倒的，到头来还是会选择放弃。

研究表明：最常用的前5000个单词，出现几率或使用频率达97%。一个人的词汇量在5000左右就可以和老外正常的交流了，重要的是培养自己造句子的能力，能不能用有限的词语造出不同的句子，举一反三，把不同的句子用在不同的场合，再根据自己的生活和工作所需，去补充一些新的单词，理解地记下来，然后使用他们，渐渐地你就具备了驾驭英语的能力，从而快速走出"要学英语，先背单词"这个大大的误区。

1.复习点的确定

而对于背单词，艾宾浩斯记忆曲线也告诉我们应掌握最佳的记忆时间。

（1）第一个记忆周期：5分钟。

（2）第二个记忆周期：30分钟。

（3）第三个记忆周期：12小时。

（4）第四个记忆周期：1天。

（5）第五个记忆周期：2天。

（6）第六个记忆周期：4天。

（7）第七个记忆周期：7天。

（8）第八个记忆周期：15天。

2.背诵方法

（1）初记单词时需要记忆的内容。

a）单词外观特征

b）单词的中文释义

c）单词的记忆法

（2）每个list的具体背诵过程（每个list按12页，每页10个单词计）。

a）背完一页（大约5分钟），立即返回该页第一个单词开始复习（大约几十秒）

b）按上面方法背完1~6页（大约在30分钟），回到第1页开始复习（两三分钟）

c）按上面同样方法背完7~12页，一个list结束

d）相当于每个list被分为12个小的单元，每个小的单元自成一个复习系统；每6个小单元组成一个大单元，2个大单元各自成为一个复习系统。背一个list总共需要一小时左右的时间

（3）复习过程。

a）复习方法：遮住中文释义，尽力回忆该单词的意思，几遍下来都记不住的单词可以做记号重点记忆。

b）复习一个list所需的时间为20分钟以内

c）当天的list最好在中午之前背完，大约12小时之后（最好睡觉前）复习当天所背的list

d）在其后的1，2，4，7，15天分别复习当日所背的list

(4)注意事项。

a）每天连续背诵2个list，并完成复成任务

b）复习永远比记新词重要，要反复高频率地复习，复习，再复习

c）一天都不能间断，坚持挺过这15天，之后每天都要花大约1小时复习

其次，英语学习应有系统性。

市场上学英语的资料、方法、信息铺天盖地，处理不好就会带来不良的后果。今天用这个学、明天换另一个，或者干脆学习的内容和练习表达的内容毫无关系，学习便失去了系统性，也就无法达成完整的语言使用系统。

心理启示

英语学习最重要的莫过于记忆，很多人说记单词和学英语是件痛苦的事，而实际上，这是因为他们没有掌握最佳的记单词方法。学习中的遗忘是有规律的，掌握遗忘先快后慢的规律，能指导我们更好地学习英语这门记忆学科。

记忆与遗忘交替作用,助你更好成长

心理学故事:

哈佛大学校长曾经来北京大学访问时,讲了一段自己的亲身经历:

有一年,这个校长心血来潮,准备过一段时间与众不同的生活,于是,他向学校请了假,然后告诉自己的家人,不要问我去什么地方,我每个星期都会给家里打个电话,报个平安。

接下来,他一个人,带着简单的行李,去了美国南部的农村,开始了他所谓的与众不同的生活——农村生活。在农村他到农场去打工,去饭店刷盘子。在田地做工时,背着老板吸支烟,或和自己的工友偷偷说几句话,都让他有一种前所未有的愉悦。最有趣的是最后他在一家餐厅找到一份刷盘子的工作,干了四个小时后,老板把他叫来,跟他结账。老板对他说:"可怜的老头,你刷盘子太慢了,你被解雇了。"

三个月后,这个"可怜的老头"重新回到哈佛,回到自己熟悉的工作环境后,却发现,一切原本熟悉不过的东西顿时都变得新鲜起来,工作成为一种全新的享受。

对于这个哈佛校长来讲,这三个月的经历,就是一次遗忘的过程,也是洗涤心灵的过程,自己原本洋洋自得,甚至呼风唤雨的哈佛大学校长职位,自己原本认为的博学与多才,在新的环境中一文不值。更重要的是,回到一种原始状态以后,就如同儿童眼中的世界,也不自觉地清理了原来心中积攒多年的"垃圾"。

人生在世,难免会遇到一些挫折、失败和痛苦,这都是不顺心的事。但如果我们把痛苦埋在心里,日积月累,长此以往,一个人就会深陷意志消弭的泥潭而不能自拔,跌进精神萎靡的深渊而不能解脱。因此,要远离痛苦演绎的"悲惨世界",就要找到一剂"止痛"的良方,这剂良方就是忘却。

忘却也是保持心理平衡的好办法。忘记烦恼、忘记忧愁、忘记苦涩、忘记失意、忘记昨天、忘记自己、忘记他人对你的伤害、忘记朋友对你的背叛、忘记脆弱的情怀、忘记你曾有的羞愧和耻辱……这样你便能乐观豁达起来。

既然这样，我们就要学会善于淡化烦恼，忘记烦恼，那么，如何才能淡化和化解烦恼呢？你可以尝试以下方法：

1.逆向思维比较法

试想比如发生了重大的车祸，死伤多人，皆为不幸。未伤者受惊，轻伤者轻痛，重伤者重痛，死亡者惨痛，由前往后比，虽是不幸，但又是大幸；从后往前比，则是不幸中的大幸。

2.把一切交给时间

时间是淡化、忘却痛苦的最好方法。遇到烦恼之事，倘若你主动从时间的角度来考虑一下，心中对此烦恼之事的感受程度可能就会大大减轻。受了上级的当众批评，面子很过不去，心里难以承受，不妨试想一下，三天后，一星期后甚至一个月后，谁还会把这件事当回事，何不提前享用这时间的益处呢？

3.忘却不是逃避

就是勇于承认现实，坦然面对现实，对任何既成事实的过失以及灾祸，不必为之过多的后悔和烦恼，也不必因此而不休止地责备自己或他人，而应把思想和精力放在努力弥补过失，最大可能地减少损失方面，否则过多的后悔、不休的责备，不仅于事无补，而且还会扩大事端，增加烦恼。

当然，忘却不快，并非是简单地对过去的抹去和背叛，而是把往昔的痛苦与烦恼沉淀于心底，更好地主宰自己的命运，把握未来。学会遗忘，走出烦恼泥潭，便会倍感生命的可贵，生活的绚丽，从而让生命更富于朝气和力量。

心理启示

人生旅途所经所历需要记住。记住经验，记住关怀，记住友谊，记住爱情，但生活也需要遗忘。不会遗忘，被名利缠身，为是非所累，被琐事所用，就人为地背上了思想包袱，关闭了心扉，就会活得很苦累。如果你想永远开心，那么，请你经常换一下心情，学会遗忘，以真实的快乐去对待每一天。

第四堂课

马斯洛"性格"课：在实践中不断修炼完美人格

马斯洛认为人都潜藏着七种不同层次的需要，这些需要分别是生理需求、安全需求、社交需求、尊重需求、认知需要、审美需要和自我实现的需要。这些需要在不同的时期表现出来的迫切程度是不同的。马斯洛指出，已经满足的需求，不再是激励因素。人们总是在力图满足某种需求，一旦一种需求得到满足，就会有另一种需要取而代之。大多数人的需要结构很复杂，无论何时都有许多需求影响行为。一般来说，只有在较低层次的需求得到满足之后，较高层次的需求才会有足够的活力驱动行为。

听马斯洛讲性格

在美国的心理学界,有个很著名的人物——亚伯拉罕·马斯洛,他是美国第三代心理学的开创者,人格理论家,人本主义心理学的主要发起者。

马斯洛于1908年4月1日出生于纽约市布鲁克林区一个犹太家庭。他是智商高达194的天才。对于人的动机,他持整体的看法,他的动机理论被称为"需要层次论"。1968年当选为美国心理学会主席。著有《人的动机理论》《动机和人格》《存在心理学探索》《科学心理学》《人性能达到的境界》等。

马斯洛认为人的本性是向善的、中性的,他认为的完美人性是可以实现的,可以说,这是一种乐观主义的美学,但问题是,这更是一项离开实践的审美活动,也是片面的、抽象的。

著名哲学家尼采有一句警世格言——成为你自己!在马

斯洛的一生，他把精力都放到了证明这一思想上，他成功地树立了一个具有开创性的形象。《纽约时报》评论说："马斯洛心理学是人类了解自己过程中的一块里程碑"。还有人这样评价他："正是由于马斯洛的存在，做人才被看成是一件有希望的好事情。在这个纷乱动荡的世界里，他看到了光明与前途，他把这一切与我们一起分享。"的确，弗洛伊德为我们提供了心理学病态的一半，而马斯洛则将健康的那一半补充完整。

马斯洛的人本主义心理学为其美学理论提供了心理学基础。其心理学理论核心：人的多层次需要系统是通过"自我实现"来体现的，这个需要系统是多层次的，以此来达到"高峰体验"，重新找回被排斥的人的价值，实现完美人格。他认为人作为一个有机整体，具有多种动机和需要，包括生理需要（Physiological needs）、安全需要（Safety needs）、归属与爱的需要（Love and belonging needs）、自尊需要（Esteem needs）和自我实现需要（Self-actualization needs）。

马斯洛认为，当人的低层次需求被满足之后，会转而寻求实现更高层次的需要。其中自我实现的需要是超越性的，追求真、善、美，将最终导向完美人格的塑造，高峰体验代表了人的这种最佳状态。

创造美和欣赏美，是自我实现的一个重要目标，审美需要源于人的内在冲动，审美活动因而成为自我实现的需要满足的必要途径。审美活动的形象性、无直接功利性、超时空性、主客体交融性，使之对完美人格的创造，具有极其重要的意义；同时，审美与完美的紧密关系，使美具有真的、善的和内容丰富的性质。这样，通过审美活动，包含真、善、美于一身的完美人格形成了，审美活动成为人的一种基本的生存方式。

高峰体验，是审美活动的最高境界，完美人格的典型状态。高峰体验可以通过审美活动以外的知觉印象的寻求获得，只要是能获得丰富多彩的知觉印象的活动，都可能带来高峰体验，如爱的体验、神秘的体验、创造的体验等。高峰体验中主客体合一，既无我，也无他人或他物；对于对象的体验被幻化为整个世界；同时意义和价值被返回给审美主体；主体的情绪是完美和狂喜，主体在这时最有信心，最能把握自己、支配世界，最能发挥全部智能。

> **心理启示**

马斯洛认为人都潜藏着七种不同层次的需要,这些需要在不同的时期表现出来的迫切程度是不同的。人最迫切的需要才是激励人行动的主要原因和动力。人的需要是从外部得来的满足逐渐向内在得到的满足转化。马斯洛在人生的两个阶段提出了不同的观点,所以我们在一些书上只能看到马斯洛需要层次的五个层次:生理需要、安全需要、爱与归属的需要、尊重的需要、自我实现的需要。

人的七种不同层次的需要

马斯洛将人的需求分为七个层次。

具体地说,按照重要性和层次性排序,七种不同层次的需要主要指:

1.生理需求

生理上的需要是人们最原始、最基本的需要,如吃饭、穿衣、住宅、医疗等。若不满足,则有生命危险。这就是说,它是最强烈的不可避免的最底层需要,也是推动人们行动的强大动力。当一个人为生理需要所控制时,其他一切需要均退居次要地位。

2.安全需求

安全的需要要求劳动安全、职业安全、生活稳定、希望免于灾难、希望未来有保障等。安全需要比生理需要较高一级,当生理需要得到满足以后就要保障这种需要。每一个在现实中生活的人,都会产生安全感的欲望、自由的欲望、防御的实力的欲望。

3.社交需求

社交的需要也叫归属与爱的需要，是指个人渴望得到家庭、团体、朋友、同事的关怀爱护理解，是对友情、信任、温暖、爱情的需要。社交的需要比生理和安全需要更细微、更难捉摸。它与个人性格、经历、生活区域、民族、生活习惯、宗教信仰等都有关系，这种需要是难以察悟，无法度量的。

4.尊重需求

尊重的需要可分为自尊、他尊和权力欲三类，包括自我尊重、自我评价以及尊重别人。尊重的需要很少能够得到完全的满足，但基本上的满足就可产生推动力。

5.认知需要

又称认知与理解的需要，是指个人对自身和周围世界的探索、理解及解决疑难问题的需要。马斯洛将其看成克服阻碍的工具，当认知需要受挫时，其他需要的能否得到满足也会受到威胁。

6.审美需要

"爱美之心人皆有之"，每个人都有对周围美好事物的追求,以及欣赏。

7.自我实现

自我实现的需要是最高等级的需要,是一种创造的需要。有自我实现需要的人,往往会竭尽所能,使自己趋于完美,实现自己的理想和目标,获得成就感。马斯洛认为,在人自我实现的创造过程中,产生出一种所谓的"高峰体验"的情感,这个时候的人处于最高、最完美、最和谐的状态,具有一种欣喜若狂、如醉如痴的感觉。

马斯洛需求层次理论假定,人们被激励起来去满足一项或多项在他们一生中很重要的需求。更进一步地说,任何一种特定需求的强烈程度取决于它在需求层次中的地位,以及它和所有其他更低层次需求的满足程度。

马斯洛认为七个层次要按照次序实现,由低层次一层一层向高层次递进。只有先满足低层次的需要才能去满足高层次。所以一定程度上,过于机械化。但是我们也要肯定马斯洛理论的完整性,以及他对管理、教育等方面作出的贡献和启示。

> **心理启示**
>
> 马斯洛的需求层次理论,在一定程度上反映了人类行为和心理活动的共同规律。马斯洛从人的需要出发探索人的激励和研究人的行为,抓住了问题的关键;马斯洛指出了人的需要是由低级向高级不断发展的,这一趋势基本上符合需要发展规律的。因此,需要层次理论对企业管理者如何有效的调动人的积极性有启发作用。

性格不合的原理

心理学故事：

琪琪在相亲派对上认识了一位男士，开始两人相处得还不错，但很快，琪琪就发觉两人性格不合，打算找一些借口断绝和对方的往来。

"下周末我们还去郊外钓鱼怎么样？"临分别的时候，那个男士又邀请琪琪。

"下周我们一直都要上班，周末也是。"

"那就下周吧。"

"再说吧，最近总是在周末出去玩，我周一上班都没什么精神，我要回去休息了。"说完以后，琪琪以为对方会找借口离开，但没想到的是，这个男孩居然问："我知道你是想拒绝和我交往了，我想知道这是为什么。"

一句话问得琪琪马上脸红了，不过她还是坦诚地回答："是的，我觉得我们确实性格不合，就没有必要再交往下去了。"

"没有所谓的性格不合,只是我们内心的深层次需要不同而已,我想,我们之间还是缺乏沟通,希望你能再给我一次机会,也许你会发现一些不一样的东西。"

这一番话着实让琪琪刮目相看,也许自己该重新考虑一下坐在对面的这个人了。

和故事中的琪琪一样,有些情侣分手,夫妻离婚后,被人问及原因,她们或他们,会轻描淡写地说:性格不和吧!这种口气像是在谈一件考古的事。我们知道"性格决定命运"这句话,几乎被说得有点俗套了。既然这命运都决定了,还能不决定婚姻?

而故事中琪琪的这个相亲对象说的一番话是有道理的。没有所谓的性格不合。性格不合都是找得到深层次原因的。如修养不和,品位不和。或者更深入一些,在马斯洛需要层次理论,可以看到每个人走到的层面不同。生理需要,安全需要,爱和归属的需要,尊重的需要,求知的需要,审美的需要,自我实现的需要。

生活中,不同的人有不同的需求,有的人只求吃饱穿暖,有的人要求有房子遮风避雨,有人要求有个相依相偎的家足矣，而也有人希望自己的能力得到他人和社会的认可，有的人更注重自身知识的充实，相同或类似要求的人就更容易相处，相反，不同心理需求的人也就导致了所谓的性格不合。

五种需要可以分为两级，生理上的需要、安全上的需要和感情上的需要都属于低一级的需要，这些需要通过外部条件就可以满足；尊重的需要到自我实现的需要是高级需要，它们是通过内部因素才能满足的，而且一个人对尊重和自我实现的需要是无止境的。

一般来说，这七个层次的需要，一旦某一层次的需要相对满足了，会向高一层次发展。

心理启示

马斯洛认为，人类价值体系存在两类不同的需要，一类是沿生物谱系上升方向逐渐变弱的本能或冲动，称为低级需要和生理需要。一类是随生物进化而逐渐显现的潜能或需要，称为高级需要。同一时期，一个人可能有几种需要，但每一时期总有一种需要占支配地位，对行为起决定作用。任何一种需要都不会因为更高层次需要的发展而消失。各层次的需要相互依赖和重叠，高层次的需要发展后，低层次的需要仍然存在，只是对行为影响的程度大大减小。在高层次的需要充分出现之前，低层次的需要必须得到适当的满足。

自我实现者的人格特征

心理学故事：

1809年2月12日，伟大的美国总统林肯诞生了。他出生时，是一个私生子，并且相貌丑陋，言谈举止都不招人喜欢，这些缺点都让敏感的林肯感到很自卑。最终，他决定靠自己的力量改掉这些缺点，于是，他拼命自修以克服早期的知识贫乏和孤陋寡闻。他学会了借助烛光、水光读书，尽管他的视力大不如前，但头脑的越发丰富让他开始充满了自信，他最终摆脱了自卑，并成为有杰出贡献的美国总统。

生活中，历尽沧桑和饱受无情打击的人不少，但却很少有人能像林肯那样百折不挠。每次竞选失败过后，林肯都会激励自己："这不过是摔了一跤而已，并不是死了爬不起来了。"这些词汇是克服困难的力量，更是林肯终于享有盛名的利器。

从心理学的角度看，我们每个人都应该像林肯一样追求自我价值的实现，而林肯自身也被著名心理学家马斯洛列举为具有自我实现者的人格特征。

自我实现理论是马斯洛人本主义心理学的理论支柱之一，马斯洛认为，自我实现的人具有最健康和最完美的人格。马斯洛之所以会探讨这个领域，是受其大学时代的两位恩师（一位是完形心理学的主要创始人之一，一位是著名文化人类学家）的学术思想和学术品格的影响，马斯洛从他们身上找出共同的高贵品质，便开始了他的研究。而他研究的对象，也都是历史上最有名的人物，如晚年的林肯、托马斯·杰斐逊和威廉·詹姆斯等，表明马斯洛希望找出对人类社会做出重大贡献的人的人格特征。

马斯洛发现，在这些人的内心，也存在一定的恐惧和焦虑，但他们之所以成功，是因为他们能接纳并喜欢自己，继而不易受到焦虑和恐惧的影响。他们虽然也有缺点，但因为能够接受自己的缺点，所以他们较一般人更真诚、更不防备，也对自己更满意。

他认为只有在这些人身上所体现的人性特征，才能代表人性所蕴含潜能的最高限度，才能展现出人性的美好本性与丰富色彩。

马斯洛认为，自我实现者的人格特征（即性格特征）有：

（1）了解并认识现实，人生观比较实际。

（2）悦纳自己、别人乃至周围的世界。

（3）在情绪与思想表达上较为自然。

（4）视野广阔、考虑事情能就事论事，较少考虑个人利害。

（5）能享受自己的私人生活。

（6）有独立自主的性格。

（7）对生活有热情，不厌烦平凡的事物。

（8）在生命中曾有过引起心灵震动的高峰经验。

（9）爱人类并认同自己为全人类之一员。

（10）有至深的知交，有亲密的爱人。

（11）民主，尊重别人的意见。

（12）有伦理观念，能区分手段与目的；绝不为达到目的而不择手段。

（13）带有哲学气质，有幽默感。

（14）创新，不墨守成规。

（15）对世俗，和而不同。

（16）有改变现在生活状态的愿望和能力。

对那些希望自己的人生也能臻于自我实现境界的人,马斯洛提出了以下7点建议:

(1)把自己的感情出口放宽,莫使心胸像个瓶颈。

(2)在任何情境中,都尝试以积极乐观的角度看问题,从长远的利害做决定。

(3)对生活环境中的一切,多欣赏,少抱怨;有不如意之处,设法改善;坐而空谈,不如起而实行。

(4)设定积极而有可行性的生活目标,然后全力以赴求其实现;但却不能期望未来的结果一定不会失败。

(5)对是非之争辩,只要自己认清真理正义之所在,纵使违反众议,也应挺身而出,站在正义之一边,坚持到底。

(6)莫使自己的生活僵化,为自己在思想与行动上留一点弹性空间;偶尔放松一下身心,有助于自己潜力的发挥。

(7)与人坦率相处,让别人看见你的长处和缺点,也让别人分享你的快乐与痛苦。

心理启示

自我实现是一种连续不断的发展过程,它意味着一次次地做诸如此类的选择：是说谎还是诚实，是偷窃还是保持清白，并且使每一次选择都是成长性选择。这种成长性选择也就是走向自我实现的运动。

为什么毫无斗志

心理学故事:

在很多人梦寐以求的微软公司,曾有一个临时清洁女工升职成为正式职工的故事:

她是办公楼里临时雇佣的清洁女工,在整个办公大楼里,有好几百名雇员,她是唯一没有学历的人,工作量最大,薪水最少,可她却是整座办公楼里最快乐的人!

每一天,她来得最早,然后面带微笑,开始工作,对任何人的要求,哪怕不是自己工作范围之内的,也都愉快并努力地跑去帮忙。周围的同事都被她感染了,有很多人成了她的好朋友,甚至包括那些被大家公认为冷漠的人,没有人在意她的工作性质和地位。她的热情就像一团火焰,慢慢地整个办公楼都在她的影响下快乐了起来。

盖茨很惊异,就忍不住问她:"能否告诉我,是什么让您如此开心地面对每一天呢?""因为我热爱这份工作!"

女清洁工自豪地说,"我没有什么知识,我很感激企业能给我这份工作,可以让我有不菲的收入,足够支持我的女儿读完大学。而我对这美好现实唯一可以回报的,就是尽一切可能把工作做好,一想到这些,我就非常开心。"

盖茨被女清洁工那种热爱工作的态度深深地打动了:"那么,您有没有兴趣成为我们当中正式的一员呢?我想您是微软非常需要的员工。""当然,那可是我最大的梦想啊!"女清洁工睁大眼睛说道。

此后,她开始用工作的闲暇时间学习计算机知识,而企业里的任何人都乐意帮助她,几个月以后,她真的成了微软的一名正式雇员。

这名女清洁工是怎么获得成长的?因为她对当下工作的热爱和对计算机知识的渴望。当她还是一名清洁员工时,她能以正确的心态去面对工作,不是怨天尤人,不是得过且过,而是以一种积极的、向上的心去感染周围的每个人。

然而,和这名清洁女工不同的是,我们工作的周围,总是有这样一些人,他们把工作当成是获取生活物资的一种手段,他们对工作毫无积极性和热情,他们做一天和尚撞一天钟,每个月能让他们唯一感到存在的是发薪水的那天,而如果有人问他们为什么不愿意离开这个工作岗位时，他们的回答是："没办法，要养家糊口。"那为什么又不努力工作呢？他们又有自己的理由，这份工作不适合自己。

那么，到底是工作不适合你，还是其他原因让他们提不起兴趣呢？

我们可能都有这样的感受：学生时代，我们偶尔会上课打瞌睡，有很多原因，其中重要的一点是我们对这门功课不感兴趣。其实，任何一件事情又何尝不是这样呢？如果我们认为一件事枯燥无味，那么，我们便提不起兴趣，效率自然也不高。

那么，我们的工作热情从何而来？事实上，我们认为的工作不合适自己，原因是工作满足不了我们的需求，根据马斯洛的"需要层次论"，当我们低层次的需要得到满足，自然就有了高层次的需要。通常我们认为的不适合，无非是待遇、薪水满足不了我们的要求，或者说我们的自我价值无法在当下的工作岗位中得到实现。

然而，作为我们自身，也应该明白的是，企业为我们提供工作和价值实现的机会，我们就应端正态度努力工作。其实，认真是和兴趣成正比的，如果你能努力、认真地工作，那么，你就会取得好成绩，就会获得一种成就感，反过来，成就感会刺激你继续认真、努力地工作。形成良性循环后，你的工作积极性自然就提高了。

心理启示

工作过程中，我们应看到自己内心的需求，并找到工作的热情。如果你认为工作只是一种应付性活动，那么，你是不会有很高的工作效率的。对于这种情况，你有必要调节自己的内心，当你能做到保持不甘落后、积极向上、奋发有为的精神状态，有只争朝夕的紧迫感，那么，你一定会不断进取！

高尚品质和物质财富何者为第一追求

心理学故事：

很久以前，在西方，有一个人在死后来到一个美妙的地方，这里能享受到一切他曾经没有享受过的东西，包括妙龄美女和美味佳肴，还有数不尽的佣人伺候他，他觉得这里就是天堂，可是在过了几天这样的生活后，他厌倦了，于是，对旁边的侍者说："我对这一切感到很厌烦，我需要做一些事情。你可以给我找一份工作做吗？"

他没想到，他所得到的回答却是摇头："很抱歉，我的先生，这是我们这里唯一不能为您做的。这里没有工作可以给您。"

这个人非常沮丧，愤怒地挥动着手说："这真是太糟糕了！那我干脆就留在地狱好了！"

"您以为，您在什么地方呢？"那位侍者温和地说。

这则寓言故事，似乎告诉我们：一个人，最终追求的并不是奢华的物质财富，而是精神世界的充实。

　　从心理学上来说，我们生活中的每个人，最终追求的目标都只有两个字——幸福。对于幸福的追求也是人的需求的一部分。人生在世，我们都有各种各样的需求，对此，社会心理学家马斯洛提出需求层次力量，并将人的需求分为五种，像阶梯一样从低到高，按层次逐级递升，分别为：生理上的需求，安全上的需求，情感和归属的需求，尊重的需求，认知的需求、审美的需求、自我实现的需求。从这里，我们可以看出，人的心理需求应该是更高层次上的需求。

　　也许，很多人认为，所谓的幸福就是衣食无忧，有用之不尽的金钱，然而，如果失去了实现自我价值的方式，那么，我们则会感觉犹如活在地狱一般。

　　马斯洛的理论认为，激励的过程是动态的、逐步的、有因果关系的。在这一过程中，一套不断变化的"重要"的需求控制着人们的行为，这种等级关系并非对所有的人都是一样的。社交需求和尊重需求这样的中层需求尤其如此，其排列顺序因人而异。不过马斯洛也明确指出，人们总是优先满足生理需求，而自我实现的需求则是最难以满足的。

　　人的最高需要即自我实现就是以最有效和最完整的方式

表现他自己的潜力，唯此才能使人得到高峰体验。

人的五种基本需要在一般人身上往往是无意识的。对于个体来说，无意识的动机比有意识的动机更重要。对于有丰富经验的人，通过适当的技巧，可以把无意识的需要转变为有意识的需要。

心理启示

人要生存，他的需要能够影响他的行为。只有那些没有被满足的需要，才能影响人的行为，被满足后，激励作用也就不存在了。人的需要按重要性和层次性排成一定的次序，从基本的（如食物和住房）到复杂的（如自我实现）。当人的某一级的需要得到最低限度满足后，才会追求高一级的需要，如此逐级上升，成为推动继续努力的内在动力。

第五堂课

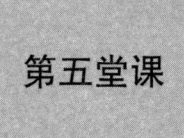

罗杰斯"自我"课:生命的过程就是成为自己的过程

人本主义心理学家罗杰斯的主要观点是:在心理治疗实践和心理学理论研究中发展出人格的"自我理论",并倡导了"患者中心疗法"的心理治疗方法。在他看来,人类有一种天生的"自我实现"的动机,即一个人发展、扩充和成熟的趋力,它是一个人最大限度地实现自身各种潜能的趋向。

听罗杰斯讲自我

卡尔·兰塞姆·罗杰斯（1902—1987），美国心理学家，人本主义心理学的代表之一。美国人本主义心理学的理论家和发起者、心理治疗家。

罗杰斯于1902年生于美国伊利诺斯的奥克派克，罗杰斯兄妹六人，他在家中排行老四。他的父亲是一个土木工程师，母亲是一位虔诚的基督教徒，也是一位家庭妇女。在他12岁的时候，全家迁往离芝加哥30英里的农场，在那里度过了他的青年期，由于严格的家教和繁琐的家务，卡尔变得孤僻、独立和自我约束。

17岁那年，罗杰斯以优异的成绩考入威斯康星大学学习，主修农业，后转修宗教，于1924年获威斯康星大学文学学士学位，1928年获心理学硕士学位，1931年获哲学博士学位。

罗杰斯的突出贡献在于创立了一种人本主义心理治疗体

系，其流行程度仅次于弗洛伊德的精神分析法。

罗杰斯认为，每个人从出生开始，都有自我实现的趋向，当原来的自我与社会内化而形成的价值观产生冲突的时候，便会引起焦虑，为了缓解这种焦虑情绪，人们不得不采取心理防御机制，这样就限制了个人对其思想和感情的自由表达，削弱了自我实现的能力，从而使人的心理发育处于不完善的状态。而罗杰斯创立的就诊者中心治疗的根本原则就是人为的创造一种绝对的无条件的积极尊重气氛，使就诊者能在这种理想气氛下，修复其被歪曲与受损伤的自我实现潜力，重新走上自我实现、自我完善的心理康庄大道。

人本主义于20世纪50～60年代在美国兴起，70～80年代迅速发展，它既反对行为主义把人等同于动物，只研究人的行为，不理解人的内在本性，又批评弗洛伊德只研究神经症和精神病人，不考察正常人心理，因而被称为心理学的第三种运动。

人本主义强调爱、创造性、自我表现、自主性、责任心等心理品质和人格特征的培育，对现代教育产生了深刻的影响。其代表人物罗杰斯强调人的自我表现、情感与主体性接纳。他认为教育的目标是要培养健全的人格，必须创造出一个积极的成长环境。

罗杰斯的自我论和马斯洛的自我实现论在基本观点上是一致的,都认为人有追求自我价值实现的共同趋向。但他更强调人的自我指导能力。相信经过引导,人能认识自我实现的正确方向。这成为他的心理治疗和咨询以及教育理论的基础,自我指导原理起初是在心理治疗经验中得出的。

罗杰斯认为,精神障碍的根本原因是背离了自我实现的正常发展,咨询和治疗的目标在于恢复正常的发展。他的疗法原称"非指示疗法",后改称"来访者中心疗法"。这种方法反对采取生硬和强制态度对待患者,主张咨询师要有真诚关怀患者的感情,要通过认真的"听"达到真正的理解,在真诚和谐的关系中启发患者运用自我指导能力促进本身内在的健康成长。这一原理也适用于教师和学生、父母与子女以及一般人与人之间的关系,因此,又称以人为中心的理论。他的心理疗法今天在欧美各国已广泛流行,他的人格理论也颇有影响。

心理启示

人本主义强调人的尊严、价值、创造力和自我实现,把人的本性的自我实现归结为潜能的发挥，而潜能是一种类似本能的性质。人本主义最大的贡献是看到了人的心理与人的本质的一致性，主张心理学必须从人的本性出发研究人的心理。

探明自己,坚持本真

心理学故事:

曾经有位事业有成的年轻人,他在朋友的劝谏下来看心理医生,因为他觉得自己的工作压力太大了,心灵好像已经麻木了。

诊断后,医生证明他身体毫无问题,却觉察到他内心深处有问题。

医生问年轻人:"你最喜欢哪个地方?"

"我不清楚!"

"小时候你最喜欢做什么事?"医生接着问。"我最喜欢海边。"年轻人回答。

医生于是说:"拿这三个处方,到海边去,你必须在早上9点、中午12点和下午3点分别打开这三个处方。你必须遵照处方,时间到了才能打开。"

于是,这位年轻人按照医生的嘱咐来到海边。

他抵达时刚好接近九点，独自一人没有收音机、电话。他赶紧打开处方，上面写道："专心倾听。"他开始用耳朵倾听，不久就听到以往从未听见的声音，他听到了海浪声，听到了各种海鸟的叫声，听到了风吹沙子的声音，他开始陶醉了，这是另外一个安静的世界，他开始沉思、放松。中午时分他已陶醉其中，他很不情愿地打开第二个处方，上面写道："回想。"于是他开始回忆，他想起小时候在海边嬉戏的情景，与家人一起拾贝壳的情景……怀旧之情汩汩而来。近3点时，他正沉醉在尘封的往事中，温暖与喜悦的感受，使他不愿去打开最后一张处方。但他还是拆开了。

　　"回顾你的动机。"这是最困难的部分，亦是整个"治疗"的重心。他开始反省，浏览生活工作中的每件事、每一状况、每一个人。他很痛苦地发现他很自私，他从未超越自我，从未认同更高尚的目标、更纯正的动机。他发现了造成疲倦、无聊、空虚、压力的原因。

　　故事中，这位年轻人遵照医生的建议来到海边，给了一个自我反省的机会，才认识到自己的缺点——自私、从未超越自我、从未认同他人，这就是他感到空虚、压力大的原因。

心理学家曾说过:"人是最会制造垃圾污染自己的动物。"生活中,人们常说:"知己知彼,百战百胜。"这句话其实可以运用到生活中的多个方面。一个人,只有看到自己的性格盲点、优点,才能有更好的表现。因此,从心理学的角度看,一个高明的观察者,不只会看他人,更会看自己。

"看自己",也就是"观察自我",这是一项自我探索的活动,注重自我内心的探索,也就是将人的身体感觉、情感、思想等都向内心集中,然后试着去感知自己的内心世界。完成这项训练的方法有很多种,不过我们通常要做的第一步就是认识自己的习惯状态和那些占据了内心的固有特征。

再通俗点来讲,我们要做的就是将表现出来的自我与真实的自我分离开来,如果我们能做自身行为习惯的旁观者,那么,我们就能真正掌控自己的行为习惯,而不是被曾经固有的习性所控制。久而久之,你便会摆脱那些固有的习性带给你的困扰。

总之,准确的自我观察对于认识自己的性格类型十分重要,因为你需要了解你内心的习性,才能从相似者的故事中认清你自己。

第五堂课　罗杰斯"自我"课：生命的过程就是成为自己的过程

> **心理启示**

我们每个人从出生起，都在不断认识世界、接受外在世界赠予我们的一切，我们学会了很多，包括科学文化知识、审美、与人相处等，但在这个过程中，我们却很少认识自己，实际上，我们也总是在逃避认识自己，因为认识自己，就意味着我们必须要接受自己"魔鬼"的一面，这个过程对于我们来说是痛苦的，但如果我们想实现自己的目标、成为更优秀的自己，就必须要认识自己，就像剥洋葱一样，寻找到最本真的自我。

挖掘自己的兴趣与潜能

心理学故事：

比埃尔·居里于1859年5月15日生于巴黎一个医生家庭里。在他的童年和少年时期，并没有显示出与众不同的聪明。那时候的他在性格上好个人沉思，不易改变思路，沉默寡言，反应缓慢，不适应普通学校灌注式的知识训练，不能跟班学习，人们都说他反应迟钝，所以从小没有进过小学和中学。

父亲常带他到乡间采集动、植、矿物标本，培养了他对自然的浓厚兴趣，学到了如何观察事物和如何解释它们的初步方法。居里14岁时，父母为他请了一位数理教师，他的数理进步极快，16岁便考得理学学士学位，进入巴黎大学后两年，又取得物理学硕士学位。1880年，他21岁时，和他哥哥雅克·居里一起研究晶体的特性，发现了晶体的压电效应。1891年，他研究物质的磁性与温度的关系，建立了居里定律：顺磁质的磁化系数与绝对温度成反比。他在进行科学研究中，还自己创造和改进了许多新仪器，例如压电水晶秤、居里天平、居里静电计等。1895年7月25日比埃尔·居里与玛丽·居里结婚。

比埃尔·居里的成功让我们明白，一个人爱好学习，勤奋读书，就会学有所获。其实，不仅是学习，要想建筑成功的大厦，就必须有先天的或经后天培养而成的兴趣基础。有了兴趣，才有可能培养和形成敏锐的感觉与反应，累积可供运用和发挥的技术与技巧。有了兴趣，才有无穷的动力使你在某个领域当中越钻越深。有了兴趣，才有勤奋，有了勤奋，才成就了辉煌和成功。

心理学家罗杰斯指出，每个人生来都会对世界充满好奇心，并且都具有发展的潜能，在适当的条件下，人渴望学习和发现的愿望和潜能都会被激发出来，这正如伟大的哲学家尼采曾说的："如果你想真正理解自己的本质，那就请老实回答以下几个问题：自己真正爱过的是什么？让自己的灵魂升华的究竟是什么？是什么填满自己的心灵，让心中充满愉悦？自己究竟为什么东西入迷过？只要回答这些问题，便能明白自己的本质。那便是真正的你。"

尼采这句话里的含义是，一个人，只有找到令自己最感兴趣的事物，才能激发出自己的激情，让自己狂热起来，也才会有所成就。

我国古代大教育家孔子曾说，"知之者不如好之者，好之者不如乐之者"。德国文学家歌德说过，"哪里没有兴趣，哪里就没有记忆。"科学研究表明，人一旦对某种活动或某个事物产生兴趣，他就会倾注热情，就能提高从事这项活动的效率。事实上，我们也不难看出，很多成功者也都是在他们热衷的领域内发挥自己的才能，最终取得一定成就。

科学家丁肇中用6年时间读完了别人10年的课程，最后终于发现了"J粒子"，获得诺贝尔奖。记者问他："你如此刻苦读书，不觉得很苦很累吗？"他回答："不，不，不，一点儿也不，没有任何人强迫我这样做，正相反，我觉得很快活。因为有兴趣，我急于要探索物质世界的奥秘，如搞物理实验，因为有兴趣，我可以两天两夜，甚至三天三夜待在实验室里，守在仪器旁。我急切地希望发现我要探索的东西。"

的确，人作为一种动物，所有的行为都是直接或者间接按照自己意志去行动的，而这一切都必须要有足够的动机——可能外界的压迫或者一时的发奋可以暂时充当这种动机，但是任何纯被动的行为是永远无法有效地持续下去的。只有拥有内在的动力——兴趣，奋斗、努力的行为才能够高效地持久下去。

心理启示

从兴趣出发，会让你充满热情，会给你带来无穷的力量。我们在做自我剖析前，一定要记住，只有先搞清楚让自己狂热的事物是什么，才能找到努力和奋斗的方向，一个人如果在自己感兴趣的领域里从事自己最擅长的事情，那么，他成功的概率就会大大提高。

坚决走完自我完善之路

心理学故事：

一只狐狸在跨越篱笆时滑了一下，幸而抓住一株蔷薇才没有摔倒，可它的脚却被蔷薇的刺扎伤了，流了好多血。受伤的狐狸很不高兴地埋怨蔷薇说："你也太不应该了，在我向你求救的时候，你竟然趁机伤害我！"蔷薇回答说："狐狸啊，你错了！不是我故意要伤害你。我的本性就带刺，是你自己不小心，才被我刺到了。"

在我们的周围，也有很多这样的人，他们在遭遇挫折或犯了错误的时候，常常责怪或迁怒别人，而不是从自己的角度反躬自省。其实，无论是我们自己还是他人都会犯错，敢于不断犯错的人，往往也是最容易成功的人。因为他们总是无所畏惧，敢于从各个角度尝试不同的办法，最后总会有所突破。

心理学家罗杰斯曾经说，人的自我实现是一个动态的发展过程，按照罗杰斯的观点，人类具有求生、发展和增强自身的天赋需要。有机体的成熟和发展并非是自动实现的，它需要付出很大的努力。

随着一个人年龄的增长，自我开始发展起来。成长的重点从生理方面转移到心理方面。当人的身体以及他的形态和功能达到成人水平时，他的发展便集中到人格方面。自我一旦产生，自我实现的趋向便出现了。自我实现就是发展自己独特的心理性格，发挥自己的心理潜能和完善自己的过程。罗杰斯认为，实现的趋向是存在于每个人生命中的驱动力量，它使个体变成更具差异性，更独特，更有社会责任。

从罗杰斯的理论中，我们可以看出，要做到自我完善，就需要我们做到：

1.找到自己的缺点

每个人都不是完美的，都有一些缺点，在这之前，你一定要认识到自己的缺点并且正视它，才有可能改正它，并把改正不足和缺点当成一种习惯，一个好的习惯对我们的人生会产生很大的帮助，如果我们养成很多好习惯，那么在成功的路上就会一帆风顺、一往无前了。当然，如果你自己意识不到自己的缺点，就很可能让别人抓住你的缺点从而制服你。

2.自我反省

当你获得一定的荣誉、取得一定的成绩后,最难能可贵的就是胜不骄败不馁,懂得自我反省,才会不断进步。

3.直视自己,不要害怕犯错误

人无完人,所以,谁都有可能犯错。关键是你要告诫自己,下次不能再犯。相反,假如你在做事前就谨小慎微,暗示自己决不能犯错,那么,你反而因为有心理压力而做不好,而且,害怕犯错误会让你倾向于掩盖错误。你会离谦虚这两个字越来越远。想要不再害怕犯错误就要从现在开始,正视错误并积极主动地改正错误。当自己犯错的时候,第一想到的就是怎样挽回,而不是怎样逃避。

4.接纳他人的批评

可能你在生活中也曾遇到了一些批评你的人,你也会产生这样的想法:他怎么总是看我不顺眼?这个人真是讨厌,处处跟我作对,你甚至会对其恨之入骨。而实际上,你细想过没有,其实,你的确存在很多需要改进的地方。例如,你的学习方法是不是真的有问题?你待人处世的态度是不是需要改进?为什么你交不到知心的朋友等。

你可能没有意识到的是,你之所以听不进去他人的意见，是因为你有一个弱点，你认为一旦接受了别人的批评就等于服从他人，就没了面子，而实际上，欣然地接受别人的批评，不仅能帮助我们成长、弥补自身不足，更能树立我们在他人心中谦逊的形象，从而拉近人际间的关系。

心理启示

我们每个人，都会在生活、工作、学习中遇到挫折、失败乃至磨难。有些人会怨天尤地，牢骚满腹。但很少有人能找到自己的主观原因。因为人们通常会被自己的双眼蒙蔽。从主观角度出发，不断完善自我，才能逐步走上自我实现的道路。

了解自我本性，挺胸抬头生活

心理学故事：

有一个女孩名叫芳，长相平平，在美女如云的班级里，她只是一棵不起眼的小草儿；成绩平平，无法让视分数如宝的老师青睐；除了会写几首浪漫小诗给自己看外，没有其他特别突出的才能，不会唱歌，也不会跳舞。芳心里很寂寞，没有男孩追，没有同学和她做朋友。

一天清晨，她打开门，惊讶地发现门口摆着一朵娇艳欲滴的红玫瑰，旁边还有一张小小的卡片。她迅速地将花和卡片拿到自己的房间，轻轻地打开卡片。上面有几行字，是这样写的：

其实一直以来我都想对你说一声：我喜欢你。但却没有勇气，因为你的一切让我深感自卑。你那平静如水的眼神，你优美的文笔，你高雅的气质，让我很难忘记。所以，我只能默默地看着你。——一个喜欢你的男生。

第五堂课　罗杰斯"自我"课：生命的过程就是成为自己的过程

芳的心怦怦直跳，没想到自己还有这么多的优点，自己原来并不是一个毫不起眼的人啊。从那以后，芳开始主动和同学交谈，成绩也渐渐上升，慢慢地，老师和同学们都喜欢上了她。高中毕业以后，她考上了大学，凭着那份自信，她在学校中尽情发挥自己的才能，赢得许多男生的追求。大学毕业后找了一份很满意的工作，并且找到了深爱她的丈夫。

芳一直有一个心愿，就是找到那个给她送花的人，很想感谢他让她重新找回了自信，如果不是那朵花，现在或许一切都是希望和等待。有一天，无意间，她听到爸妈的谈话。妈妈说："当年你想的招儿还真有用，一朵玫瑰花就改变了她的生活。"

芳不禁愕然，怪不得那字看起来像被人故意用宋体写的，但一朵玫瑰花的作用真那么大吗？不，是自信转变了芳的生活。

心理学家认为：一个人如果自惭形秽，那她就不会成为一个美人；如果他不相信自己的能力，那他就永远不会是事业上的成功者。从这个意义上说，如果你是个自卑的人，那么，树立起自信心是战胜自卑感最好的方法。

心理学家罗杰斯人本主义的实质就是让人看到自己的本

性，而不再倚重外来的观念，让人重新信赖自己，消除外界环境通过内化而强加给自己的价值观，让人可以自由表达自己的思想和感情，由性的健康发展。然而，一个人只有首先接纳自己，树立自信，才能全面、正确地看待自己，挖掘自己的潜能。

美国著名心理学家基恩，小时候亲历过一件让他终生难忘的事，正是这件事使得基恩从自卑走向了自信，也正是这种自信，使他一步步走向成功。

那么，如果你是个自卑的人，怎样才能摒除自卑，重新找回自信的自己呢？

首先，客观地认识自己，意思就是不仅要看到自己的优点，也要看到自己的缺点，并客观地给予评价。要做到这一点，除了自己对自己的评价，还要注意从周围人身上获取关于自己的信息。这些人可以是我们的父母，也可以是我们的朋友，也可以是我们的同事，只有这样，我们才能够逐步形成对自我的全面客观的认识。

其次，能够接纳自己。真正的自我接纳，就是要接受所有的好的与坏的、成功的与失败的。不妄自菲薄，也不妄自尊大，不卑不亢，才能健康地发展，逐步走向成功。

然后，还需要积极地完善自己不足的方面。这些不足，指的是某些"内在"上的，如学识、技能、素质等。

最后，对于别人对你的批评，需要理性地看待。因为别人批评你是免不了的。如果你对别人的批评很在意，心理上就会很难过，越辩就越黑；如果你以理性的态度、开放的心情去接受，心情反而会坦然。

心理启示

心理学教授说，自卑是一种消极的自我评价或自我意识，即个体认为自己在某些方面不如他人而产生的消极情感。自卑感就是个体把自己的能力、品质评价偏低的一种消极的自我意识。具有自卑感的人总认为自己事事不如人，自惭形秽，丧失信心，进而悲观失望，不思进取。

第六堂课

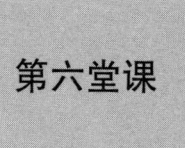

帕尔默"人格"课：每一种人格都有不同的颜色

　　九型人格，又名性格型态学、九种性格，是婴儿时期人身上的九种气质。它是一个近年来备受美国斯坦福等国际著名大学MBA学员推崇并成为现今最热门的课程之一，近十几年来已风行欧美学术界及工商界。它的创始人是海伦·帕尔默。现实生活中，我们若能将九型人格与心理读心术结合起来，并运用到生活中，不仅能找到自己的性格号码，重新认识自我，更能有效地与人打交道，提升我们做人做事成功的指数。

听帕尔默讲人格

提到"九型人格",就不能不提及海伦·帕尔默,他是"全球九型人格"的创始人之一,该项目还举办了九型人格专业培训项目。1994年,第一届在斯坦福大学举办的国际九型人格会议就是帕尔默以国际九型人格协会创始主任的身份主办的。著有多本"九型人格"著作,包括全球最畅销书《九型人格》及《工作和恋爱中的九型人格》,现已被翻译成二十多国的语言。

帕尔默广泛地将九型人格运用在学术、商业和精神等领域,并且,在很多国家,还建立了九型人格的奖学金。

海伦·帕尔默曾任教于约翰肯尼迪大学,芝加哥罗耀拉大学,加州大学心理学专业,以及加州理工学院综合研究,并在Esalen研究所研究学习。除了作为研究员在思维科学研究所工作,帕尔默已获得众多的学术奖。

那么,什么是九型人格呢?

对此，我们不妨先来看下面一个例子：

一天，一个贵妇人带着一只名贵品种的狗来到餐厅，对此，不同类型的人可能就会有不同的反应。

甲可能会想："这个女主人真是自私，餐厅是用餐的地方，带宠物进来，太不卫生了。"

而乙的反应可能是：看见狗后立即走远，尽可能不让狗在自己身旁擦过。并不是因为他讨厌狗，而是他即刻意识到那只狗有可能突然发狂，袭击路人。意外是不可预测的，还是小心为上。

而丙看到这只可爱的狗，可能忍不住上前去逗逗它。

可见，即便是同一件事，不同的人反应和想法都不同，为什么会有这样的差异呢？这正是因为他们的性格导致的，也就是"内因"不同，导致他们拥有不同的"世界观"，对每一事、每一物均有着不同的着眼点、不同的理解方式。

关于九型人格，有一套古老的学说，这套学说中包含传统智慧及现代心理学的性格分析，甚至涉及哲学层面之体验。这个学说依照一个九型图，把人的性格分为九种类型，九种类型又归纳为"情感、思考、直觉"三个智慧区域，主导其思维模式。

九型人格又名性格型态学、九种性格，是婴儿时期人身上的九种气质。近十几年来已风行欧美，全球500强企业的管理阶层均有研习九型性格，并以此培训员工，建立团队，提高执行力。在当代，对于企业的前期规划、战略确定、教练指导、企业培训等方面，九型人格有很大的优势。

第一型完美主型（The Reformer）：追求完美者、原则和秩序的捍卫者、改进型；

第二型助人型（The Helper）：博爱型、成就他人者、助人型、爱心大使；

第三型成就型（The Achiever）：实干家、实践者、成就者；

第四型艺术型（The Individualist）：艺术家、自我主义者、浪漫型；

第五型智慧型（The Investigator）：观察者、思考型、理智型；

第六型忠诚型（The Loyalist）：谨慎型、忠诚者、寻求安全者；

第七型享乐型（The Enthusiast）：享乐主义者、创造者、活跃型；

第八型领袖型（The Challenger）：天生的领袖、挑战者、权威型；

第九型和平型（The Peacemaker）：和平主义者、追求和谐型、平淡型。

根据这套学说，我们也就能解释例子中甲、乙、丙的不同反应了。也就能明白在我们的生活中，为什么有些人总是那么勇敢、一往直前，为什么有些人则宁愿原地踏步，为什么有些人总希望能成为人群中的焦点，而有些人则好像浑身长满了刺、对他人保持较高的警惕性等。

当然，九型人格理论所描述的九种人格类型，并没有好坏之别，只不过是不同类型的人回应世界的方式具有可被辨识的根本差异而已。

> **心理启示**

九型人格是一种将人进行深层次探究的方法和学问，每个人在思维、情绪和行为上都是有差异的，正因为如此，我们可以把人分为九种：完美主义者、给予者、实干者、悲情浪漫者、观察者、怀疑者、享乐主义者、领导者、调停者。九型人格的伟大之处就是通过人的外显直击人的内心世界，发现人的内心最深处的需求和渴望。因此，如果我们能掌握这一方法，那么，我们便掌握了了解他人的利器，就能用最有效的方法应对他人，最终帮助我们达成目的，赢得成功。

九型人格的基本特征

我们都知道,九型人格学是一门古老的学问,被誉为了解他人的利器。那么,具体来说,九型人格的基本特征有哪些呢?

第一型——完美主义者(完美型):

他们做事力求尽善尽美,希望自己或是这个世界都更完美。他们经常告诉自己"还不够完美",经常不满足自己的表现,容易造成负担。他们很难尽情享受,然而做好一件事情,就必须放松心情。

一般的完美型有以下特质:温和友善、忍耐、有毅力、守承诺、贯彻始终、爱家顾家、守法、有影响力的领袖、喜欢控制、光明磊落、对人对事无懈可击。

第二型——热心给予者(助人型):

他们十分热心,愿意付出爱给别人,看到别人满足地接受他们的爱,才会觉得自己活得有价值。一旦得不到别人善意的回报，就会气愤地说："我对你这么好，你竟然不领情。"并感到不满与不舒服。

一般的助人型有以下特质：温和友善、随和、绝不直接表达需要、婉转含蓄、好好先生/小姐、慷慨大方、乐善好施。

第三型——成功追求者（成就型）：

是个野心家，不断地追求进步，希望与众不同，受到别人的注目、羡慕，成为众人的焦点。但他们往往太过于讲求效率，为达到目的就会不择手段、不顾自己与别人的立场。这种人不重视自己的感情世界，对于空虚、无奈、温柔等会妨碍效率的种种感情，会像机器人一般视若无睹。

一般的成就型人物有以下特质：自信、活力充沛、风趣幽默、满有把握、处世圆滑、积极进取、美丽形象。

第四型——浪漫主义者（浪漫型）：

浪漫型的人很珍惜自己的爱和情感，所以想好好地滋养它们，并用最美、最特殊的方式来表达。他们想创造出独一无二、与众不同的形象和作品，因此不停地自我察觉、自我反省，以及自我探索。

一般的浪漫型有以下特质：容易情绪化，喜欢追求艺术性和浪漫性的事物，爱幻想，认为只有悲剧性事物才是最美的和真实的，他们拥有极强的审美能力，对衣着和需要搭配性的事物都有自己独特的见解，具有创造力，但常表现出消沉和沮丧的情绪。

第五型——智能追寻者（智慧型）：

智慧型人物想借由获取更多的知识，来了解环境，面对周遭的事物。他们想找出事情的脉络与原理，做为行动的准则。有了知识，他们才敢行动，也才会有安全感。

一般的智能型有以下特质：温文儒雅、有学问、条理分明、表达含蓄、拙于词令、沉默内向、冷漠疏离、欠缺活力、反应缓慢、隔岸观火。

第六型——固守忠诚者（忠诚型）：

忠诚型人物相信权威、跟随权威的引导行事，然而另一方面又容易反权威，性格充满矛盾。他们的团体意识很强，需要亲密感，需要被喜爱、被接纳并得到安全的保障。

一般的忠诚型有以下特质：忠诚、警觉、谨慎、机智、务实、守规、纪律维持者。

第七型——乐天主义者（享乐型）：

享乐型人物想过愉快的生活，想创新、自娱娱人，渴望过比较享受的生活,把人间的不美好化为乌有。他们喜欢投入快乐及情绪高昂的世界,所以他们总是不断地寻找快乐、经验快乐。

一般的享乐型有以下特质:快乐热心、不停活动、不停获取、怕严肃认真的事情、多才多艺、对玩乐的事非常熟悉亦会花精力钻研、不惜任何代价只要快乐、嬉笑怒骂的方式对人对事、健谈。

第八型——能力领袖型(领袖型):

领袖型人物是绝对的行动派,一碰到问题便马上采取行动去解决。想要独立自主,一切靠自己,依照自己的能力做事,要建设前不惜先破坏,想带领大家走向公平、正义。

一般的领袖型有以下特质:具攻击性、自我中心、轻视懦弱、尊重强人、为受压迫者挺身而出、冲动、有什么不满意即场发作、主观、直觉。

第九型——和平追随者(和平型):

和平九型的人往往自卑。他们认为自己没有多大的价值,也不是重要的人物。不爱自己,对自己的决定没有信心,想从别人身上得到力量。

一般的和平型有以下特质:温和友善、忍耐、随和、怕竞争、无法集中注意力，有时像梦游、不到最后一分钟不会完工、非常倚赖别人的提醒，注意力集中在细节、次要的事，对大多数事物没有多大的兴趣、不喜欢被人支配、绝不直接表达不满，只是阳奉阴违。当有压力时，会变得被动、倔强、顽固甚至愤怒地还击。到他们发怒时，可能已是相隔了一段时间，他自己也可能无法确定真正的原因。

> **心理启示**

根据以上九型人格的一些基本的特征介绍，我们大致可以对自己的性格进行归类。当然，了解你自己和别人的人格类型后，不是希望将每一个人贴上卷标，拿自己的类型做借口而划地自限，或是断定别人会有什么行为表现。因为每一型的人也都有朝向健康或是不健康的方向，而产生的不同变化。

九型人格是认识自己的最佳工具

我们首先来做这样一个游戏,请你拿出一张纸,画出你手机的外形,包括品牌、颜色、按键的各个位置,你能做到吗?曾经有培训师在上课时让学生做过,但遗憾的是,90%的学员都不能准确地画出来,有的人甚至连屏幕的样子都记不起来了。

我们每个人、每天都离不开手机,但就这样一个随身携带的物品,我们都不了解,更何况我们自身呢?为什么我们不了解它?因为我们只是把它当成联系、通信的工具,而没有用心去了解、认识它。实际上,对于我们自身,我们何尝又不是把自己当成一种工具呢?一种吃饭、穿衣的工具!一种工作、与人打交道的工具而已!自从我们出生开始,我们行走于世的时间久了,内心便被一些"世俗"的外衣包裹住,我们把什么都当成一种工具,还会用心去对待它吗?

有人说"成功时认识自己,失败时认识朋友"。这固然有一定的道理，但归根结底，我们认识的都是自己。无论是成功还是失败时，都应坚持辩证的观点，不忽视长处和优点，也要认清短处与不足。同时，自我反省、认清自己还能帮助我们做回自我，只有这样，才能获得重生。

事实上，在日常生活中，关于认识自己，我们都只愿看到自己的优点，而不愿看到自己的局限性，有时候，我们自己看不到自己，身边的人会为我们指出来，但我们也不愿意听，因为没有人喜欢被他人否定。为此，我们很有必要掌握认识自己的一大工具——九型人格。这就需要我们学会用"第三只眼睛"看自己，无论做什么事，用客观、公正的态度评价自己，你就能做到不断超越自己。

可见，只有先认识自己，接下来我们才能接受自我，才能肯定自我，进而不断完善自我，才能变得更自信，虽然大部分人做不到这一点，但如果你做到了，就能实现自我突破。

接下来，我们需要思考的是，该怎样做才能实现自我认识呢？这里，我们借助一个工具——九型人格。

此处，我们不妨把自己比喻成为一颗洋葱，在洋葱的最深层，是最本真的自我，那么，我们就需要不断地剥开这颗洋葱。

在我们出生时，我们是一个最本真的自我，也就是本我，在接下来成长的过程中，我们开始有了一些经历，也开始形成了对我们行为处世有引导作用的价值观，当然，这里的价值观可能是好的，也可能是不好的。

接下来，我们开始剥第二层，在价值观外面，是我们的需求、动机，也就是我们常说的人的欲望，人的欲望是受到价值观操纵的。而人的欲望操控的是人的恐惧、思维。

再接下来，就是情绪。一旦人的欲望和需求得不到满足，便会产生这样或那样的情绪，当然，即使我们的欲望被满足了，情绪同样也是存在的。

最后一层是行为。这是洋葱的最表层部分，也是我们价值观、欲望、需求、思维的最直接的显现。

可见，当我们剥开自己这一颗洋葱后会发现，人的本我其实都是差不多的，只要我们愿意认识自我，那么，我们就会变得自然、真诚。而一旦我们继续披上种种外衣，我们又会呈现出千姿百态的面貌。

> **心理启示**

在认识九型人格之前，我们看待一个人，都是通过他的表面语言和行为来评判的，而当我们懂得如何剥开自己这颗洋葱后，不但能寻找到最本真的自我，也能剥开他人，更清楚地认识他人。九型人格就是剥洋葱头的工具，它告诉我们，只要我们懂得观察，根据一个人行事的最初动机，就能看到他的性格号码，这也是我们读心和决策的依据。

检验你的人格类型

我们都知道,人格被分为九型,而你必然属于其中一型。那么,我们该怎么检验自己属于哪种人格类型呢?对此,我们不妨来做一些测试题:

①下面有60道称述,每道称述后面所指向的数字就是"九型"中的一种。

②如果你认为某项称述符合你,便记住后面所指向的数字。

③统计相加,看你符合的称述指向的数字哪种最多。最多的数字很有可能就是你的类型号。

④需要说明的是,这只是一个供参考的结论,更精确的判断还需要在深入了解和揣摩比较后获得。

(1)我常被眼前的事迷惑——9。

(2)我很讨厌被人批评,但这样的事却经常发生——1。

(3)我喜欢向别人讲述一些哲理——5。

(4)我很在意自己是不是还年轻,因为老了还怎么找乐子——7。

（5）我认为人应该一切靠自己——8。

（6）当我有困难时，我会试着不让人知道——2。

（7）我最痛苦的事，是被人误解——4。

（8）施比受会给我更大的满足感——2。

（9）我常常设想事情更糟糕而使得自己陷入苦恼中——6。

（10）我常常试探或考验朋友、伴侣的忠诚——6。

（11）那些不坚强的人实在没用——8。

（12）我很在意身体是否舒适——9。

（13）我觉得我能触碰生活中的悲伤和不幸——4。

（14）别人不能完成他的分内事，会令我失望和愤怒——1。

（15）我有时常拖延事情的毛病——9。

（16）我觉得生活就应该多彩一点——7。

（17）我还不够完美——4。

（18）我很注重感官，我喜欢美食、漂亮的衣服，并喜欢享乐——7。

（19）如果别人请教我，我会很清楚地为他解释、分析——5。

（20）陌生人面前，我很喜欢推销自己，这没什么不好意思的——3。

（21）偶尔我会做出在别人看来很疯狂的事——7。

（22）我会因为没有帮上别人的忙而痛苦——2。

（23）那些空泛的问题实在令人讨厌——5。

（24）在某方面我有放纵的倾向（例如食物，购物等）——8。

（25）我宁愿迁就我的爱人、家人，而不愿和他们对抗——9。

（26）我认为，我最讨厌的一类人是虚伪的人——6。

（27）我认为自己是个懂得改正的人，但由于我很好强，还是让周围的人觉得不适——8。

（28）我觉得人生很有趣，很少显得颓废——7。

（29）我觉得自己很矛盾，有时候，我觉得自己很有魄力，有时又觉得自己依赖性太强了——6。

（30）人际交往中，我宁愿付出，而不是接受——2。

（31）面临威胁时，我会变得焦虑，但同时我也会选择正面迎击危险——6。

（32）社交场合，我更愿意他人来主动找我说话——5。

（33）我喜欢周围的人注意我，把我当主角——3。

（34）即使别人批评我，为了不伤和气，我一般不辩解——9。

（35）有时，我希望别人能对我的行为提出指导，但有时却忘了他人的指导——6。

（36）我经常忘记自己的需要——9。

（37）发生一些大事时，我能克服内心的焦虑和质疑——6。

（38）我认为自己说话很有说服力——3。

（39）我从不相信我一直都无法了解的人——9。

（40）我觉得还是依照老规矩行事好——8。

（41）我很爱我的家人，对他们很包容——9。

（42）我被动而优柔寡断——5。

（43）我对人很礼貌，但却不知道为什么总是不能与人深交——5。

（44）我觉得自己不大会说话，即使关心别人也不知道怎么开口——8。

（45）当我醉心于工作或者我的爱好中时，会让他人觉得我疯狂、冷酷——6。

（46）我常常保持警觉——6。

（47）我觉得我不必要对所有人尽义务——5。

（48）在无法确保表态完美前，我宁愿沉默——5。

（49）我做的比计划的要少——7。

（50）我喜欢挑战，喜欢攀登高峰——8。

（51）我觉得自己能一个人完成任务——5。

（52）我常有被人抛弃的感觉——4。

（53）朋友常说我很忧郁——4。

（54）与人初次见面，我好像表现得很冷漠——4。

（55）我的面部表情严肃而生硬——1。

（56）我常常陷入下一秒不知道要做什么的苦恼中——4。

（57）我对自己要求很严格——1。

（58）我感受特别深刻，并怀疑那些总是很快乐的人——4。

（59）我认为自己是个高效率、善于举一反三的人——3。

（60）我讲理，重实用——1。

心理启示

通过一些检验，你能找到自己的人格类型，事实上，一个人的基本人格类型是不会变的，即使在现实生活中，因为某些因素，而有了种种变化，但即使你的基本人格型态可能有某部分的隐藏或是调整，却不会真正改变。

九型人格知识助你打开交际局面

心理学故事：

凯瑟琳是刚毕业的一名学生，有幸的是，她应征上了一家大型公关公司的策划人职位，成为人们羡慕的白领一族。

上班第一天，她带着谨慎来到公司，如她所料，办公室果然是美女如云，站在人群中，凯瑟琳突然有一种"丑小鸭"的感觉，正在这时，一个美女走过来，热情地冲凯瑟琳打招呼，凯瑟琳自然也是热情地回应，然后凯瑟琳也打量了这位同事，颇有王熙凤的风范：一身很惹眼的名牌，而正当这位同事和自己说话时，她看到其他好几个同事都投来了鄙夷的眼神，凯瑟琳认识到这应该是一个不受欢迎并且爱表现的同事，然后她给自己敲了一个警钟：以后不能和这位同事深交，否则不仅在职业上没有上升的空间，还会得罪所有人。

上班的第一天，根据自己的观察，凯瑟琳把办公室的同事以及领导都划归为几个类型。并用不同的方式与他们每个人相处，果然，不到半年，她就在一片支持声中升职了。

现代社会的职场人士，除了要具备一定的职业能力外，还必须学会怎么和同事、上司相处，凯瑟琳的聪明之处，就是在上班的第一天，弄清楚了每个人不同的性格，给自己打了不同的预防针。

我们都知道，九型人格是我们认识自己的最佳工具，实际上，九型人格还能帮助我们成功实现与人的交往。的确，人际交往中，我们做的每一件事、说的每一句话，都不能是盲目的。我们可以利用九型人格来认识他人，掌握对方的性格、内心需求和期望，我们做事的效率才能提高。

人际交往中，我们不仅要从大局着眼，还要心思细腻，与每个人打好关系，才能在交往中处于主动的地位，周旋在各种矛盾中而立于不败之地。而我们知道，人是这个世界上最具智慧的一种动物。人能了解许多事物，却难以了解人本身。难以捉摸的是人的心理、人的需求、欲望和人的个体特征。当然，人类也是聪明的，人类总是能找出各种方法来解决难题，九型人格便告诉我们如何看透他人的性格、做事的动机，教会我们有的放矢地与他人进行沟通，这样，人际交往自然也就会很轻松。

根据九型人格理论，人际交往中，我们应培养自己的观察力，看透他人的性格。

在与人相处的时候，我们要具备一定的洞察力，一步到位看清对方的性格，如从难以伪装的习惯动作看出对方的心态，从被忽略的生活点滴推知对方的性格，这才能在最短的时间内，达到我们的社交目的。

现实生活中，有些人内心方正，有些人内心圆滑；有些人对外方正，有些人对外圆滑。从这个角度考察，人物呈现四种形态：内方外方，内方外圆，内圆外圆，内圆外方。和不同形态的人交往，要用不同的交际之道。若对方性格直爽，便可以单刀直入；若对方性格迟缓，则要"慢工出细活"；若对方生性多疑，切忌处处表白，应该不动声色，使其疑惑自消。

每个人，由于生活环境、接受的教育程度、性格、性别、社会地位等方面的不同，导致了他们所能接受的说话方式、语言习惯等方面的不同。因此，与人说话，一定要看清对象，因人而异。"见什么人说什么话，因人而异"是非常必要的，否则无异于"对牛弹琴"。

当然，在人际交往中，我们也不能戴"有色眼镜"看人,一个人的内心,只有他们自己最清楚,我们不需要妄加评论。另外,我们不可厚此薄彼地怠慢任何一个朋友,也不要曲意逢迎比你位高权贵的人。

心理启示

古人云:"知己知彼,百战百胜。"人际交往中,如果我们想轻松地达到自己的目的,就要先了解自己,了解别人,看清楚彼此的位置和他人的动机。而学习九型人格,我们就能够更好地知己知彼,不但在性格方面可以了解得更多,而且在心态方面、在个人的内心感受方面,我们都会有很好的把握。

第七堂课

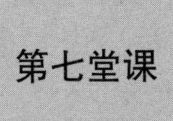

费斯汀格"谎言"课：谎言的假象需要我们亲自撕破

　　态度改变是社会心理学中最重要，也是研究最多的领域之一。许多社会心理学家提出了各种理论，试图解释态度形成和改变的原因与过程。费斯汀格的认知不协调理论就是其中最主要、最流行的态度改变理论。费斯汀格认为，人们为了自己内心平静与和谐，常于认识中去寻求一致性，但是不协调作为认知关系中的一种，必然导致心理上的不和谐。而心理上的不和谐对于个人构造自己内心世界是有影响和效力的，所以常常推动人们去重新建构自己的认知，去根除一切搅扰。

听费斯汀格讲谎言

你是否曾经陷入过这样一种处境,你不得不做一些或说一些与你态度或个人观点相悖的事?很有可能你确实经历过。每个人在某些时候都会经历。当你那样做的时候,你的真实态度或观点发生了什么变化呢?什么也没有吗?好吧,也许真的没有。然而,研究表明,在某些情况下,当你的行为与你的态度相反时,态度会有所改变以和行为保持一致。

为此,美国社会心理学家提出认知失调理论,才解释了以上的矛盾结果。

利昂·费斯汀格(Leon Festinger,1919—1989)是美国社会心理学家,主要研究人的期望、抱负和决策,并用实验方法研究偏见、社会影响等社会心理学问题。他提出的认知失调理论有很大影响。1959年获美国心理学会颁发的杰出科学贡献奖。

费斯汀格,1919年5月8日出生于纽约市,父亲为刺绣工厂厂主。1939年获纽约市立大学心理学士学位。后前往衣阿华大学，在K.勒温的指导下从事研究工作。1940年获衣阿华大学硕士学位。1942年获衣阿华大学心理学哲学博士学位，应聘为衣阿华大学副研究员，1943—1945年在罗彻斯特大学任教，1945年任罗彻斯特大学飞机驾驶员甄选训练中心统计专员。1945年进入麻省理工学院，参与勒温在该校设立的团体动力研究中心的研究工作。勒温去世后，他于1948年担任了密歇根大学团体动力学研究中心的计划主任。1951年任明尼苏达大学心理学教授，1955年到斯坦福大学任心理学教授。1968年起转任位于纽约市的美国社会研究新学院心理学教授直至逝世，1969年同布拉德利（Trudy Bradley）结婚。

费斯汀格的理论来源于紧随1934年印度地震后广布全印度的谣言报道。谣言预测，在灾区之外还会有地震，而且规模更大，波及范围更广。这些传言没有任何科学依据。费斯汀格很奇怪，人们为什么要传播如此具有毁灭性的耸听危言。过了一段时间，他突然想到：也许谣言并非增加焦虑而是确认焦虑。也就是说，即使住在危险区之外，这些人仍然非常恐惧。这样就产生了认知不协调：对自身恐惧的认知与缺乏恐惧科学证据相抵触。所以散播将有更大地震的谣言就能确证他们的焦虑，减少他们认知的不协调。他们是先有感觉和行为，然后再设法将他们看待世界的眼光与之相吻合。

费斯汀格指出，当你同时持有两种或多种在心理上不一致的认知时，你就会感到认知不协调。此时，它会在不同程度上产生不适和压力，其程度取决于这种不协调对你生活的重要性。由于你无法改变你的行为（因为你已经完成了，或者当时的形势压力太大），于是你只好改变你的态度。

认知失调的方式有两种，最简单的方式是逻辑上的不一致。如果说所有的乌鸦都是黑的，那么如果见到某只乌鸦是白色的，则个体的认识就会产生不一致，失调就会随之产生。态度与行为之间的不一致，或者同一个体的两种行为不一致最容易导致失调，一个人在态度上可能反对战争，这样"我反对战争"和"我参加战争"就是两种矛盾的认知，个体也就必然产生认知失调。这种范例同样可应用于两种不一致的行为。

> **心理启示**

用费斯汀格的话来说，认知不协调理论是指：如果说服一个人去做或去说一些与他个人观点相反的事时，他就会有一种改变观点以和自己言行一致的倾向；引起公开行为的压力越大，上述趋势就越微弱。

人们"心口不一"的真实原因

心理学故事：

"小时候，爸爸妈妈规定我做完作业才能玩，即使周末也是如此，他们说这样才能提高学习成绩，虽然这很让我郁闷，但我还是很听话，努力学习。后来，表哥来我家玩，他学习成绩优异，一直是我学习的榜样，他告诉我，回了家他很少看书，更很少做作业，他把时间都放在打网球和玩电脑上，真的是这样的吗？难道爸爸妈妈告诉我的话是错误的？到底谁说的才是对的。但自打那次以后，我便学会了和父母撒谎。每到放学回家，就关上房门，然后开始玩自己的。当然，我玩是不会让爸妈知道的，我不敢在房间里打游戏，不敢玩电脑，只能画画小东西，玩玩铅笔等。"

这个故事中，孩子为什么学会了撒谎？因为他的父母和表哥向他灌输的是完全不同的两种学习态度。在他的内心产生了矛盾，他开始动摇了努力学习的信念。

第七堂课　费斯汀格"谎言"课：谎言的假象需要我们亲自撕破

日常生活中，我们会发现，在我们生活的周围，有这样一些"心口不一"的人，在他们的内心，似乎没有一个统一的原则或标准，他们总是像一条变色龙一样，无时无刻不出现新的想法或观点，让周围的人应接不暇。而实际上，这是人的认知失调在作怪。

心理学家费斯汀格于1957年提出了著名的认知失调理论。认知失调理论的基本要义为，当个体面对新情境，必需表示自身的态度时，个体在心理上将出现新认知（新的理解）与旧认知（旧的信念）相互冲突的状况，为了消除此种因为不一致而带来紧张的不适感，个体在心理上倾向于采用两种方式进行自我调适，其一为对于新认知予以否认；另一为寻求更多新认知的讯息，提升新认知的可信度，借以彻底取代旧认知，从而获得心理平衡。该理论在性质上为解释个体内在动机的主要理论，故而被广泛用以解释个体态度改变的重要依据。

费斯汀格假定，人有一种保持认知一致性的趋向。在现实社会中，不一致的、相互矛盾的事物处处可见，但外部的不一致并不一定导致内部的不一致，因为人可以把这些不一致的事物理性化，从而达到心理或认知的一致。但是倘若人不能达到这一点，也就达不到认知的一致性，心理上就会产生痛苦的体验。

对费斯汀格来说，认知的不一致就意味着认知不协调或失调。关于认知失调的定义，费斯汀格认为，假如两个认知要素是相关的且是相互独立的，我们可由一个要素导出另一个要素的反面，那么，这两个认知要素就是失调关系。

在费斯汀格的原意中，认知在很大程度上被定义为认知结构中的"要素"，一个要素即一个认知。它们是一个人意识到的一切。它们可以是一个人对自己的行为、自己的心理状态、人格特征的认识，也可以是对外部客观事物的认识。

总之，它可以是事实、信仰、见解或别的一切事物。若某种事实尽管存在，但个体并没有意识到，那就不能成为一个人的认知。任何两种认知或者是一致的，或者是不一致的，或者是不相关的。只有在两者既相关，又不一致的情况下，才能导致失调。

心理启示

在个体的认知结构中，要素之间的一致或不一致完全是由个体的心理意义决定的。换句话说，认知的一致与否并不决定于是否符合客观逻辑，而决定于个体的心理逻辑。就一个个体来说，如果由一个认知可以推出另一个对立的认知，那么两个认知就是不协调的。实际上，这两个认知在逻辑上并非一定不一致，只是因为个体依照自己的心理逻辑才体验到了两种认知的差异，从而产生了失调。

改善认知失调的方法

心理学故事：

一天晚上，从事销售行业的丈夫很晚回来。进门后，看见妻子还是一如既往地在等他，他向妻子解释因为有许多事要和同事与客户交谈，所以才耽误了很多时间，并保证下次一定尽早赶回家，陪妻子吃饭，希望妻子原谅。但他说话时却下意识地用手摸摸嘴唇，并且尽量避免与妻子目光相对。善良的妻子其实已经看出来，今天丈夫应该撒谎了，但她一直深信丈夫是深爱自己的，绝不可能做出对不起自己的事来，于是，她也没有多想，为"疲惫"的丈夫准备了宵夜后，也就睡觉去了。

事实上，我们很清楚，丈夫撒了谎，因为他的动作已经出卖了他，他一连串的动作都是为了掩饰什么，可惜的是，这位善良的妻子还是选择相信他。

从这个故事中，我们不难看出，任何人都在不断地寻求心理平衡。然而，当一个人处于心理不平衡状态时，他就会觉察到不舒服。例如，在一个有机会可以顺手牵羊的情况下，如果你是一名老师，那么，你会认为自己是个好人，要为人师表，偷了东西会内心不安。因为作为一个好人来偷东西，自然会体验到一种心理上的不平衡；然而，如果今天进入教室里的是一个职业的小偷，那么他看到课室管理如此松散，就应该会采取行动，偷一点东西了，不偷反倒心理不平衡了。老百姓有句俗话，叫"贼不空手"，说的就是这个道理。一个窃贼，看到机会而没有下手，会因此而懊悔；而一个好教师，也会因为对学生的误解而耿耿于怀，这很容易理解。

关于这一点，心理学家费斯汀格认为，假如两个认知要素是相关的且是相互独立的，我们可由一个要素导出另一个要素的反面，那么，这两个认知要素就是失调关系。

那么，有什么方法能减少这种认知失调给人们带来的痛苦呢？

1.改变认知

如果两个认知相互矛盾，我们可以改变其中一个认知，使他与另一个相一致。例如，在教学过程中，一个学生犯了错，他（她）很有可能在"有自尊"和"犯错误"两种认知上引发失调，此时，他（她）可以通过改变"犯错误"的认知来恢复平衡，如死不承认自己的错误来平衡自己的高自尊。

2.增加新的认知

如果两个不一致的认知导致了失调，那么失调程度可由增加更多的协调认知来减少。

依然以学术犯错为例，如学生可以在"我有自尊心""我犯了错误"之后，再增加一个"谁都会犯错"来获得新的平衡。

3.改变认知的相对重要性

因为一致和不一致的认知必须根据其重要性来加权，因此可以通过改变认知的重要性来减少失调。

如学生可以在认知上降低"犯错误"的权重来平衡高自尊，即形成"我是个有自尊的人，我犯了错误，但错误不大"进而达成心理平衡。

4.改变行为认知失调也可通过改变行为来减少

即学生的未来不再犯错来平衡高自尊，很明显，这是任何一位教育工作者希望达到的结果。

第七堂课 费斯汀格"谎言"课：谎言的假象需要我们亲自撕破

> **心理启示**

根据认知失调论的观点，当一个人处于认知平衡状态时，他并不会产生痛苦的感觉，也不需要改变态度和行为。而当认知不平衡时，就会出现认知失调，此时，我们有必要采取一些措施来调整自己的认知，即便这种调整不是我们所期待的。

为什么孩子的谎言更容易被识破

心理学故事：

这天，张太太对儿子小伟的老师抱怨道："现在的孩子真是越大越难管教了，我都不知道我家儿子一天在想什么。小时候，他一撒谎我就能看出来，因为他说完谎话会立即用一只手捂住自己的嘴巴。现在，他明明每天放学后都去了游戏厅，却说自己去同学家做作业，撒谎的时候是气定神闲，我都无法分辨了，搞得我现在经常得给他同学挨个打电话，真怕孩子学坏了啊……"

恐怕有很多家长都有张太太这样的烦恼，当孩子还小的时候，他们不开口，我们都能从孩子的一些肢体语言中看出他想表达什么。例如，他饿了会哭，摇头表示自己已经不想吃了，一撒谎就会脸红，或者用手遮住自己的嘴巴……但随着孩子年龄的增长，当他们十几二十岁的时候，我们发现，我们再也无法理解孩子了，于是，我们产生这样的疑问：为什么孩子的肢体语言更容易理解？

心理学家曾表示：与年轻人相比，要想正确理解老年人的面部表情和动作似乎是一件更加困难的事情，这是因为老年人面部肌肉的伸缩能力比年轻人差很多。

完成某些动作和表情的速度，以及在他人眼中完成动作和表情的明显程度与每个人的年龄息息相关。例如，如果一个年仅五岁的孩子撒了谎，他很可能会在说完之后就立刻用一只手或双手捂住自己的嘴巴。

孩子捂住嘴巴的动作往往会提醒父母，孩子正在说谎。于是，聪明的父母会立即找到对策。你也可以通过这一方法对孩子实施家庭教育。例如，你8岁的儿子放学回家后带来一个新玩具，他告诉你，是他的一个很好的玩伴送他的，而你却很怀疑这一点，你担心玩具可能是他从学校"借"回来的，甚至是到店里顺手牵羊。

你可以这么做：

孩子说谎时，他们会有很多简单的动作，如用手捂住嘴巴，甚至会结巴，避免与你目光接触，他会单调地陈述理由，以免事机败露。

如果你希望孩子爽快地认错，问问题时，别忘了要求孩子正视你，缓缓拉近距离并摸摸他，握住他的手，解除其防备和慌张。这种亲密互动能加深孩子说谎的不安，为了舒解压力而吐露真相。当孩子承认错误之后，别忘了坦白从宽，称许他的诚实。如果父母揭穿谎言后立刻动怒，孩子将认为说实话不是好事，而不再愿意认错。

当然，孩子撒谎时的动作很有可能会贯穿一个人的一生，只不过在完成这一掩饰动作时，他所花的时间和速度都会发生变化。

如果撒谎的是一个10岁的孩子，那么，他也会像几岁的孩子那样，将手移到嘴边。不过，与之前迅速地遮住嘴巴不同的是，他只是将手指放在嘴边，轻轻地在嘴边摩挲着。

成年后，人们在年幼时养成的一撒谎就捂嘴巴的习惯动作的速度甚至变得更快了。当一名成年人说了谎话，他的反应和5岁的孩子以及少年说谎时的反应一模一样，将手向嘴巴的方向移去，就好像他的大脑向手发出了指令：捂住嘴巴，从而不让那些不真实的话语说出口。但是，只要你细心一点，就会发现，最终，他的手并没有停留在嘴边，而是轻轻地触碰一下鼻子，然后又有意识地放下了，这就是一名成年人在试图掩饰谎言时经常会用到的一种肢体动作，其本质上和5岁孩子捂嘴巴的动作是一致的，只不过方式发生了改变而已。

心理启示

心理学家们提出，随着人们年龄的增长，他们的肢体动作和面部表情也就随之变得不再那么明显，所以，同样是解读肢体动作和面部表情，假如对象是一名5岁的孩子，而不是一位50岁的中老年人，那情况就会变得简单多了。

探知人心不能流于表面

心理学故事：

在《红楼梦》中，有这样一个故事：

贾敬大寿，宁府设宴唱大戏，少不了亲戚朋友捧场。王熙凤是因为秦可卿重病，先去探望病人，在穿过花园去赴宴的途中遇见了贾瑞。凤姐儿正自看园中的景致，一步步行来赞赏。猛然从假山石后走过一个人来，向前对凤姐儿说道："请嫂子安。"凤姐儿猛然见了，将身子往后一退，说道："这是瑞大爷不是？"贾瑞说道："嫂子连我也不认得了？不是我是谁！"凤姐儿道："不是不认得，猛然一见，不想到是大爷到这里来。"贾瑞道："也是合该我与嫂子有缘。我方才偷出了席，在这个清净地方略散一散，不想就遇见嫂子也从这里来。这不是有缘么？"一面说着，一面拿眼睛不住地觑着凤姐儿。

不得不说，王熙凤虽然有时候心肠歹毒，但她是个出色的交际家，更能看穿一个人的心思。这段故事中，凤姐儿自然能从贾瑞这一表情中看出他的居心叵测，从下文中，我们了解到，她对贾瑞一番戏弄之后，看贾瑞远去，心里暗忖："这才是知人知面不知心呢，哪里有这样禽兽的人呢。他如果如此，几时叫他死在我的手里，他才知道我的手段！"而贾瑞也最终被王熙凤戏弄致死。我们姑且不去讨论王熙凤的歹毒，但可以发现，正是王熙凤的八面玲珑和敏锐的观察力，她才能在贾府中如鱼得水，一人之下万人之上。

其实，我们在与人交往应酬的过程中，可以发现，一个人的语言可以掩饰自己的内心世界，但他的肢体语言微表情可能会出卖他的真心，从这些入手，我们就能一眼洞察别人的内心世界。

我们都知道，人在做出相对应的肢体动作的背后隐藏的含义称为肢体语言。肢体语言代表着此人心里最深处的想法，这是最真实的感受。也可以从肢体语言中判断此人是否说谎，是否隐瞒，是否具有可信性与行为理解能力。能帮助你快速适应社会交流与看清人为的背后含义。

身体语言的用途很多，但最直接的莫过于我们可以通过阅读一个人的身体语言来了解其情绪、感受，进而知晓其内心世界。可心理学认为我们的大脑和身体的各个部位是同步的。当我们受到外界刺激时,如听到某些话或看到某些人,大脑就会产生某种想法或感觉,与此同时,我们的身体会做出与这些想法、感觉相对应的反应,并通过表情、肢体动作或姿势等反映出来。因此,通过观察一个人的身体语言,我们就能大体上推断出这个人的思想或情绪状态,并以此预测他下一步的决定和可能采取的行动。这一点无疑可以帮助我们建立和促进人与人之间的关系,在工作和生活中更自信、更有分寸地处理、把握各种不同的人际关系。

可见,如果你想做一个聪明的人,那么,不仅要学会听别人的言语,更要学会观察他人的身体语言,因为言语可以用假装来掩盖,而身体语言真实性却高得多。

除此之外,我们还应留意他人的微表情。心理专家称,"微表情"最短可持续1/25秒,虽然一个下意识的表情可能只持续一瞬间,但这是种烦人的特性,很容易暴露情绪。因此,对于那些撒谎者来说,尽管他们在语言上圆好了谎,但他们的微表情一定会出卖他们。为此,我们可以以此为突破口来察看一个人真实的内心世界。说话时两边嘴角下拉、眼神往下表示尴尬;嘴唇紧闭、鼻孔外翻表明很生气。

人们通过做一些表情把内心感受表达给对方看，在人们做的不同表情之间，或是某个表情里，脸部会泄露出其他的信息。当面部在做某个表情时，这些持续时间极短的表情会突然一闪而过，而且有时表达相反的情绪。也就是说，人们的微表情的表露可能会下意识地表露出他的真心。

心理启示

在日常生活中，如果仅凭一个人的一面之词与人交流，那么，我们很可能会对交流对象形成错误的判断。这增加了人们之间的隔阂，而不是互信。如果多角度观察，综合判断，我们就能够发现有价值的信息。

第八堂课

阿德勒"自卑"课：超越自卑才能活出自我

每个人都有不同程度的自卑感，因为没有一个人对其现时的地位感到满意；对优越感的追求是所有人的通性。然而，并不是人人都能超越自卑，关键在于正确对待职业、社会和性，在于正确理解生活。那些自幼就有器官缺陷或被娇纵、被忽视的儿童，以后在生活中容易走上错误的道路；家长和教师应培养他们对别人、对社会的兴趣，使他们真正认识"奉献乃是生活的真正意义"。这样，他们就能够从自卑走向超越。

听阿德勒讲自卑

在奥地利,有位著名的心理学家,他被认为是人本主义心理学的先驱者之一。马斯洛曾这样评价他:"在我看来,阿德勒一年比一年显得正确。随着事实的积累,这些事实对他关于人的形象的看法给以越来越强有力的支持。"

阿德勒1870年生于维也纳近郊的一个中产阶级犹太人家庭,早年曾在维也纳大学学医,取得医学博士学位。一生从事心理学研究。曾追随弗洛伊德,后分道扬镳,创立一个新的心理分析学派,即以"自卑情结"为中心的个体心理学派。其主要著作有:《自卑与超越》《人性的研究》《个人心理学的理论与实践》《自卑与生活》等。

阿德勒虽然出生于一个富裕的家庭,但他的童年却并不快乐,实际上,在他的记忆中,他的童年生活是不幸与多灾多难的。他自己曾说他的童年生活笼罩着对死的恐惧和对自己的虚弱而感到的愤怒。他在弟兄中排行第二,长得既矮又丑。幼年的阿德勒患了软骨病，身体活动不便。他4岁才会走路；又患佝偻病，无法进行体育活动。在其他那些健康活泼的兄弟面前，他总是感到自惭形秽，觉得自己又小又丑，认为自己不如人，他还被汽车轧伤过两次。5岁时，他患了严重的肺炎，甚至连他的家庭医生也对他绝望了。然而，几天后病情却意外地好转，从此，他立志要当一名医生。在后来的回忆中，他曾说自己的生活目标就是要克服儿童时期对死的恐惧。读书后的他成绩很差，在老师看来，他明显不具备日后从事其他工作的能力，因而向他的父母建议及早训练他做个鞋匠才是明智之举。

不过在一些小事上，我们还是能看到他的不甘人后的一面。他曾自述过一件小事："我记得走往学校的小路上要经过一座公墓。每次走过公墓我都很惊恐，每走一步都觉得心惊胆颤，然而看到别的孩子走过公墓却毫不在意，自己感到十分困惑不解。我常因自己比别人胆小而苦恼。一天，我决心要克服这种怕死的恐惧，采用了一种使自己坚强起来的办法。我在放学时故意落在别的同学后面而间隔了一段距离，把书包放在公墓墙壁附近的草地上，然后多次地来回穿过公墓，直到我感到克服了恐惧为止。"另外，阿德勒一直是一个合群的孩子，与同伴玩时被人所接受的感觉使他感到高兴和满足。

在他的《自卑与超越》中，阿德勒从个体心理学观点出发，阐明人生道路和人生的意义。阿德勒的观点对后来心理学的发展影响颇大。许多著名心理学家如阿尔伯特、勒温、马斯洛都对他与他的观点表示了好感。阿德勒被誉为个体心理学创始人，人本主义心理学的先驱，现代自我心理学之父；精神分析学派内部第一个反对弗洛伊德的心理学体系，由生物学定向的本我转向社会文化定向的自我心理学，对后来西方心理学的发展具有重要的意义。

心理启示

阿德勒认为：促使人类作出种种行为的，是人类对未来的期望，而不是其过去的经验。这种目标虽然是虚假的，它们却能使人类按照其期待，作出各种行为。个人不仅常常无法了解其目标的用意为何，有时他甚至不知其目标何在，因此，这种目标经常是属于潜意识的。阿德勒把这种虚假的目标之一称为"自我的理想"，个人能借之获得优越感，并能维护自我尊严。

自卑情结的表现

自卑情结指自我评价偏低。按照心理学家阿德勒的理论，自卑感在个人心理发展中有举足轻重的作用。阿德勒认为，每个人在心理或生理上都存在一定的缺陷，而这就是人们潜意识中自卑感出现的源泉。每个人解决其自卑感的方式影响了他的行为模式。许多精神病理现象的发生与对自卑感处理不当有关。

"自卑情结"驰名于世后，众多学派的心理学家都采用了这个名词，并且按照他们自己的方式付诸于实用。然而，让我们却不敢断定的是：他们是否确实了解或正确无误地应用这个名词。

例如，告诉病人他正蒙受着自卑情结之害，是没有什么用的，这样做只会加深他的自卑感，而不是让他知道怎样克服它们。我们必须找出他在生活风格中表现的特殊气质，我们必须在他缺少勇气之时鼓励他。

为此，我们有必要对自卑情结做出一个更清晰的定义，那么，自卑情结有什么表现呢？

每一个精神病患者都有自卑情结。想要以这一情结的有无来将某一个精神病患者和其他病患者分开，是绝对做不到的。

我们只能从使他觉得无法继续生活面临的情境种类，以及他的努力和活动的限制，来将他和其他病患者分开。如果我们只告诉他："你正遭受着自卑情结之害"，这样，对于提高他的勇气毫无益处，因为这就等于告诉一个有胃病的人："我能说出你有什么毛病。你的胃部现在不舒服！"

有许多精神病患者如果被问到他们是否觉得自卑时，他们会摇头说："否"，有些甚至会说："正好完全相反。我很清楚：我比我四周的人都高出一筹！"所以，我们不必问，我们只需注意个人的行为。在他的行为里，我们可以看出他是采用什么诡计，来向他自己保证他的重要性。

例如，如果我们看到一个傲慢自大的人，我们能猜测他的感觉是："别人总是瞧不起我，我必须表现一下：我是何等人物！"

如果我们看到一个在说话时手势表情过多的人，我们也能猜出他的感觉："如果我不加以强调的话，我说的东西就显得太没有分量了！"

在举止间处处故意要凌驾于他人之上的人，我们也会怀疑：在他背后是否有需要他做出特殊努力才能抵消的自卑感。

这就像是怕自己个子太矮的人，总要踮起脚尖走路，以使自己显得高一点一样。两个小孩子在比身高的时候，我们常常可以看到这种行为。怕自己个子太矮的人，会挺直身子并紧张地保持这种姿势，以使自己看起来比实际高度要高一点。如果我们问他："你是否觉得自己太矮小了？"我们就很难期望他会承认这件事实。

但是，这并不是说：有强烈自卑感的人一定是个显得柔顺、安静、拘束而与世无争的人。自卑感表现的方式有千万种，或许我能够用三个孩子第一次被带到动物园的故事来说明这一点。

当他们站在狮子笼前面时，一个孩子躲在他母亲的背后，全身发抖地说："我要回家。"第二个孩子站在原地，脸色苍白地用颤抖的声音说："我一点儿都不怕。"第三个孩子目不转睛地盯着狮子，并问他的妈妈："我能不能向它吐口水？"事实上，这三个孩子都已经感到自己所处的劣势，但是每个人却都按他的生活风格，用自己的方法表现出他的感觉。

心理启示

自卑情结是几乎每个人都有的，有的重些有的轻些。表现为两个极端，一种是为了求得他人认同拼命表现自己展示自己，来掩盖内心的自卑；另一种是害怕不如别人所以拼命的逃避，表现为完全放弃自己，否认自我能力。两种表现有其各自的语言风格，前者是：我必定能战胜对手！我一定行的！我很优秀！后者是：我不行，我不敢，我不愿意做。

身体缺陷带来的自卑感不一定是坏事

心理学故事：

60年前，加拿大一位叫让·克雷蒂安的少年，说话口吃，曾因疾病导致左脸局部麻痹，嘴角畸形，讲话时嘴巴总是向一边歪，而且还有一只耳朵失聪。

听一位医学专家说，嘴里含着小石子讲话可以矫正口吃，克雷蒂安就整日在嘴里含着一块小石子练习讲话，以致嘴巴和舌头都被石子磨烂了。母亲看后心疼地直流眼泪，她抱着儿子说："孩子，不要练了，妈妈会一辈子陪着你。"克雷蒂安一边替妈妈擦着眼泪，一边坚强地说："妈妈，听说每一只漂亮的蝴蝶，都是自己冲破束缚它的茧之后才变成的。我一定要讲好话，做一只漂亮的蝴蝶。"

功夫不负有心人。终于，克雷蒂安能够流利地讲话了。他勤奋且善良，中学毕业时不仅取得了优异的成绩，而且还获得了极好的人缘。

1993年10月,克雷蒂安参加加拿大总理大选时,他的对手大力攻击、嘲笑他的脸部缺陷。对手曾极不道德地说:"你们要这样的人来当你们的总理吗?"然而,对手的这种恶意攻击却招致大部分选民的愤怒和谴责。当人们知道克雷蒂安的成长经历后,都给予他极大的同情和尊敬。在竞选演说中,克雷蒂安诚恳地对选民说:"我要带领国家和人民成为一只美丽的蝴蝶。"结果,他以极大的优势当选为加拿大总理,并在1997年成功地获得连任,被国人亲切地称为"蝴蝶总理"。

一个口吃少年变成人人敬仰的"蝴蝶总理",他真的如蝴蝶一样,实现了自己人生的蜕变。在他的成功之路上,真正的动力就是辛勤和努力。虽然他刚开始有缺陷,也因缺陷而感到自卑,但也正是缺陷的存在,才使得他认识到幸福与尽早努力的关系。

人的潜能是无限的,它是人的能力中未被开发的部分,它犹如一座待开发的金矿,蕴藏丰富,价值连城。一个人最大的成功,就是他的潜在能力得到最大限度的发挥。但这一前提是,无论你的理想多么崇高,要实现你的力量你就必须克服自卑,实现超越。

1907年，心理学家阿德勒发表了有关由缺陷引起的自卑感及其补偿的论文，而使其名声大噪。

阿德勒认为：由身体缺陷或其他原因所引起的内心自卑，一方面可能会摧毁一个人，使之自甘堕落或发生精神病；另一方面，它还有可能使人发奋图强，以求振作，以补偿自己的弱点，改变自卑心理。

例如，古代希腊的戴蒙斯·赛因斯原先患有严重的口吃，经过数年苦练竟成为著名演说家；美国罗斯福总统，患有小儿麻痹症，其奋斗事迹，更是家喻户晓之事。有时候，一方面的缺陷也会使人在另一方面求取补偿。例如，尼采身体羸弱，可是他却弃剑就笔，写下了不朽的权力哲学。诸如此类的例子，在历史上或文学上真是多得不胜枚举。

早先，弗洛伊德已经主张：补偿作用是由于要弥补性的发展失调所引起的缺憾。受了弗氏的影响，阿德勒遂提出男性钦羡的概念，认为不论男性还是女性都有一种要求强壮有力的愿望，以补偿自己不够男性化之感。

以后，阿德勒更体会到：不管有无器官上的缺陷，儿童的自卑感总是一种普遍存在事实；因为他们身体弱小，必须信赖成人生活，而且一举一动都要受成人的控制之故。当儿童利用这种自卑感作为逃避他们能够做的事情的借口时,他们便会发展出神经病的倾向。如果这种自卑感在以后的生活中继续存在下去,它便会构成"自卑情结"。因此,自卑感并不是变态的象征,而是个人在追求优越地位时一种正常的发展过程。但如果能以自卑感为前提,寻求卓越,那么,我们是能实现自我超越和获得成就的。

心理启示

阿德勒以"自卑情结"为中心思想,创立了"个体心理学",并成为一个学派的创始人。他认为人类的行为都是出于自卑感及对自卑感的克服与超越。

在他的《自卑与超越》一书中,阿德勒以平易轻松的笔调,描写了自卑感的形象、对个人行为的影响,以及个人如何克服自卑感,将其转变为对优越地位的追求,以获取光辉灿烂的成就。

自卑感和自卑情结的来源

心理学故事：

心理学家阿德勒1870年出生于维也纳郊区一个中产阶级犹太人家庭，排行第二。他的家庭富裕，全家都热爱音乐，但是他却认为他的童年生活并不快乐，不快乐的原因来自他的哥哥，他的哥哥是个模范儿童。他觉得自己不管怎样努力都赶不上哥哥的成就。他自小患有佝偻病，行动不便，因此他哥哥的蹦跳活跃使他自惭形秽，而觉得自己又小又丑，事事都比不上他的哥哥。

阿德勒5岁时上小学，9岁时进入弗洛伊德14年前上过的中学。刚上中学的时候，由于他数学不好而被老师视为差等生，老师因此看不起他，并建议他的父亲让他去当一名制鞋的工人。当然，他的父亲拒绝这样做，但这事也刺激了阿德勒的上进心，促使他努力学习，在数学上有了很大进步。中学毕业后，阿德勒如愿以偿，进入维也纳医学院，系统学习了有关心理学、哲学的知识，并受到良好的医学训练。

1895 年，阿德勒进入维也纳大学取得医学博士学位。初为一眼科医师，他特别注意身体器官的自卑，认为它是驱使个人采取行动的真正动力。后转向精神病学，曾追随弗洛伊德探讨神经症问题。

从这个故事中，我们也可以发现，儿童时期的阿德勒是自卑的，这也是他后来致力于这一研究领域的重要原因。

对于人类的自卑感，是精神分析学派心理学家首先提出，而后广泛流行的术语。从广义上讲，它泛指对自己持批判或否定的任何态度，而在这种态度的背后，则是一种无能感、无力感、弱小感或恐惧感。那自卑感是天生本能的存在？还是我们人为去创造而得来的呢？

自卑情结有三个来源：①器官缺陷；②宠坏；③疏忽。

关于器官缺陷有三个重点：① 器官缺陷即是无法对外在的需求有适当的反应；② 对身体和心理都有影响；③ 在心理上可能造成有害的影响而引起神经上的疾病，不过它可以弥补，并导致有利的成就。

宠坏：一个被宠坏的人常常放弃与别人交往的机会，而只将兴趣集中在自己的身上（母亲的一项重要工作就是要帮助孩子们与周围的世界发生关系），漂亮和美丽的小孩特别容易被宠坏。一个被纵容的孩子长大后常会排除他人，他会变得害羞或者性欲异常。被宠坏的小孩对社会没有兴趣，他们的自我总在前头。

忽视：第三种容易患自卑情结的孩子是被忽视的、具有恨意的、不被期望的、丑陋的小孩子。这些孩子从小就充满着委屈、卑顺，很容易发展出自卑情结。

自卑是没有办法完全根除的，事实上，我们也不愿意完全根除它，因为自卑感可以作为构建某些事物的基础。

有自卑感的人通常对社会没有兴趣，要纠正他们，就要使他们对别人发生兴趣。

德国人力资源开发专家斯普林格在其所著的《激励的神话》一书中写道："人生中重要的事情不是感到惬意，而是感到充沛的活力。""强烈的自我激励是成功的先决条件。"所以，学会自我激励，就是要经常在内心告诉自己，我相信自己可以做到。如果你的心被自卑掩埋，那么，你已经输了。倘若你对自己充满信心，那么即使面对逆境，也能泰然自若。这种强而有力的信心，事实上便是来自于自信。换言之，自信是力量增长的源泉。

> **心理启示**

　　每一个人都会感到自卑情绪的。所有的人都有过自卑感，这影响了他们的举止：它在一切人类奋斗的最底层，人类的进展可以说就是克服自卑感的过程。朝向完美及安全的奋斗是由不调适和不安全的感觉而来的。人们发现自己在大自然的压力之下暴露无遗，毫无保护，因此被迫寻求安全，于是人类就拼命地发展生产力和科技。

如何从自卑走向超越

心理学故事:

1942年,史蒂芬·威廉姆·霍金出生于英格兰。很难想象,年仅20岁的他就患上一种肌肉不断萎缩的怪病,整个身体能够自主活动的部位越来越少,以致最后永远地被固定在轮椅上。可他并没有因此而中断学习和科研,而是一直以乐观的精神和顽强的毅力攀登着科学的高峰。

霍金毕业于牛津大学,毕业以后,他长期从事宇宙基本定律的研究工作。他在所从事的研究领域中,取得了令世人瞩目与震惊的成就。

在一次学术报告上,一位女记者登上讲坛,提出一个令全场听众感到十分吃惊的问题: "霍金先生,疾病已将您永远固定在轮椅上,您不认为命运对您太不公平了吗?"

这显然是个触及伤痛,难以回答的问题。顿时,报告厅内鸦雀无声,所有人都注视着霍金,只见霍金头部斜靠着椅背，面带着安详的微笑，用能动的手指敲击键盘。人们从屏幕上缓慢显示出的文字，看到了这样一段震撼心灵的回答："我的手指还能活动，我的大脑还能思维；我有我终生追求的理想，我有我爱和爱我的亲人和朋友。"

报告厅里响起了长时间热烈的掌声，那是从人们心底迸发出的敬意和钦佩。

科学巨人霍金再次向我们证明：即使你身上有很多缺点，但你还有可以引以为豪的优点，这些优点一样可以使你自信。

生活中，我们都会说，要远离自卑，建立自信，大道理谁都会说，但关键是，我们如何才能做到。

在不要自卑之前，我们首先要做到的是"要承认自卑"，坦然淡定地接受自卑情结，抗拒对摆脱自卑无济于事。除此之外，我们还需要做到的是：

1.运用补偿心理超越自卑

这种补偿，其实就是一种"移位"，即为克服自己生理上的缺陷或心理上的自卑，而发展自己其他方面的长处、优势，赶上或超过他人的一种心理适应机制，正是这一心理机制的作用，自卑感就成了许多成功人士成功的动力，成了他们超越自我的"涡轮增压"。

2.昂首挺胸，快步行走

许多心理学家认为，人们行走的姿势、步伐与其心理状态有一定关系。懒散的姿势、缓慢的步伐是情绪低落的表现，是对自己、对工作以及对别人不愉快感受的反映。步伐轻快敏捷，身姿昂首挺胸，会给人带来明朗的心境，会使自卑逃遁，自信滋生。

3.学会微笑

我们都知道笑能给人自信，它是医治信心不足的良药。如果你真诚地向一个人展颜微笑，他就会对你产生好感，这种好感足以使你充满自信。正如一首诗所说："微笑是疲倦者的休息，沮丧者的白天，悲伤者的阳光，大自然的最佳营养。"

我们要明白，站在人生的舞台上，你真实的表演并非为博得别人的掌声，更多的是为了得到自己心灵深处的快慰。

4.以自己的方式追求自我

现代的人是个性张扬的一代，因此，你完全可以有自己喜欢的发型、喜欢的流行音乐、说家长们搞不懂的流行话语……

这些方法可以很好的改善自己和你的自卑情结。

总之,你要随时告诉自己:我是自信的,我是美丽的,我有实力,我的专业能力是最棒的!你必须有自信心,对认准的目标有大无畏的气概,怀着必胜的决心,主动积极地争取!

心理启示

没有人是毫无缺点的,只是在我们的内心,这个缺点的份额的大小问题。如果我们将缺点无限制放大,那么,它将会腐蚀我们的心,阻碍我们成功;而如果我们能正视缺点,并在心里把缺点限制在一定的范围内,它就会成为我们努力和奋斗的催化剂,助我们成功。

第九堂课

凯根"气质"课：人性的魅力任谁也无法抵挡

美国心理学家杰罗姆·凯根对人的气质的根源十分有研究，他提出，"人格既不是生物性决定的固定气质，也不完全在社会性的相互作用中形成的"，也就是说，个体气质的差异既受环境影响又受基因制约。他还提出，不是所有抑制型的儿童长大后都注定要成为一个害羞的人。因为虽然人格中有生物基础，但是环境在一定程度上还是起决定作用。

听凯根讲气质

我们都知道，人的气质有很多种：高贵、清秀、素雅、庸俗、妖媚、艳丽、性感、可爱，还有优雅、从容、恬静等。气质有雅有俗，所谓气质，指的是每个人表现出来的独特的风貌。气质一般是从话语、眼神、背影甚至举手投足间流露出来的特质，能让别人一眼就能看出其性格、品质、学识……那么，为什么人会有不同的气质？对此，美国心理学家杰罗姆·凯根给出我们一个答案：个体气质的差异既受环境影响又受基因制约。

杰罗姆·凯根是美国心理学家，对婴儿和儿童的认知和情绪发展，尤其是对气质形成的根源研究十分著名。1987年，他获美国心理学会颁发的杰出科学贡献奖。

杰罗姆·凯根1929年出生于美国新泽西州的纽瓦克。他的父亲是个商人，凯根1950年在拉特格斯大学获得学士学位。

1964年以后，他在哈佛大学心理系任教，后出任哈佛大学脑行为系的系主任。在哈佛期间，他致力于儿童气质类型的研究，尤其是0~10岁儿童发展的相关问题。他以跨文化和纵向研究的形式探究外在环境和儿童自身的内在气质对儿童发展的影响。其中他对婴儿和儿童认知与情绪发展，特别是对气质形成根源的研究十分著名。他的研究表明：个体气质的差异既受环境又受基因的制约。

1987年，他获得了美国心理学会颁布的杰出科学贡献奖，1994年获美国心理学会G.S.霍尔奖。现在，他已成为该领域最有影响的人物。

近年来，在我国，也有不少心理学工作者致力于该领域的研究，但从行为抑制性的角度来认识气质的研究还不多，可以说，凯根的行为抑制性研究为心理学界研究气质提供了新的思路。

1959年，他与H.A.莫斯合作出版了《从出生到成熟》一书。该书荣获美国精神病学学会1963年的霍夫海默奖金。由于获奖，促使凯根和他的同事继续两个方面的研究：一个方面是称之为反射—刺激的个体差异，预测学龄儿童在饮食反应不肯定的情况下所表现出的行为。第二个更为重要的方面是对个体在行为质量和动机质量上的差异进行预示的时间。后来，凯根在《幼儿时期的变化和继续》《幼年期在人的发展中的地位》等著作和一系列论文中探讨了幼儿决定论学说，认为成熟因素对生命的开头几年所能观察到的行为表现有着重要的制约作用。

传统的心理学观点认为，人的气质是一种内在不变的因素，是一种核心本质，它有一个不变的行为层面和生理层面。出生头一年表现出的气质模式是一种本质的、持久的结构，并不会因为年龄增长和岁月变迁等而改变。凯根则认为，气质一词在意义上类似于动物的内在特性。气质是指以生物为基础的生理、身体、行为特征的聚合体，是生物基础加上个人经历的聚合体。

杰罗姆·凯根的行为抑制性研究为心理学界研究气质提供了新的思路和方法。他用批判的眼光对前人的研究进行了深刻的反思之后提出，要结合多学科、多领域的研究方法和成果，尤其是生物学、神经生理学知识来研究气质；要用归纳的方法尽可能多地收集新信息，不拘泥于已有的理论和概念；要科学谨慎地使用统计方法，并不断地发掘新的、合适的统计手段。

> **心理启示**

凯根认为,生命的第一天所呈现出的形象并不是气质类型,而是气质类型后期发展的基础,气质类型是环境作用于这一基础的产物。气质的类型数量不会穷尽,随着研究的深入会越来越多,并且将涉及人类情感、行为和智力各个层面。

行为抑制为什么会影响气质

凯根从自然科学的研究方法中汲取养料,来丰富气质研究。他对以往的气质研究思路提出了置疑。众所周知,科学界存在着认识论和本体论两种研究思路,前者主要表现在自然科学界,如生理学和化学界,人们喜欢以实验控制方式用仪器对某一现象进行分析。后者则倾向于构建高深的、权威的理论,用以解释纷繁复杂的现象。爱因斯坦的相对论就是后者的一个典型例子。

凯根认为,在气质研究领域,还没有哪一个研究者能对儿童的行为进行完全的实验控制,所以多数心理学工作者不得不诉诸本体论的研究思路,构建理论思想,为其感兴趣的现象提供一个满意的逻辑结构。但这不应该成为气质研究的发展方向。当一个领域的研究还很稚嫩的时候,运用本体论的思路进行研究情有可原。但是,用富于说服力的函数关系代替柏拉图式的定义,这也将成为发展心理学的发展趋势。

现在许多文章或研究报告仍旧从一些本体论的概念界定开始。例如，托马斯和切斯把气质定义为一个人的行为风格；高尔德史密斯和坎波斯认为气质是能够调节情绪模式的一系列过程。

凯根说，先确定一个概念，再根据概念进行研究，这在早期的研究工作中是有用的；但是，当新的证据逐渐证明这些概念已不再有效时，就应该把它们抛弃。这并不意味着心理学家要放弃所有的本体论问题，对本体论问题的思考有利于对数据的分析与理解，并由此关注由一系列相关函数界定的概念。当研究者深入考察儿童的成长过程的时候，就会揭示出新的气质概念。心理学家应该在他们还没有发现有一种气质存在之前，尽可能地反映出各种气质类型，而不应该受到理论概念的限制。

目前，研究最多的气质类型有社交性、神经性、焦虑、易激惹性、活动水平等。而行为的抑制性和非抑制性也是大量气质类型中的两类。这两种气质类型涉及儿童面对不熟悉的人、物、环境或有挑战性的情境时的最初的行为反应。在遇到不熟悉的成人、同伴或物体时，有的儿童非常拘谨，盯着陌生人，退回到母亲身边，几乎不去主动接近陌生人；而有的儿童则没有任何拘谨的表现，继续游戏，甚至主动接近陌生人，熟悉环境和陌生环境好像对他们没有心理意义上的区别。凯根把前者称作抑制儿童，后者称作非抑制儿童。

凯根等人认为，对同伴或成年陌生人的害羞是广义上的气质类型，即面对不熟悉的人和事物的抑制状态。当婴儿长到大约7~9个月时，面临不同的刺激物，他们开始出现不确定状态。抑制型儿童对各种不同类型的不熟悉性的反应是回避、苦恼或压制情感。在其他物种中，这种类似反应发生的开始年龄分别是：猴子在2~3个月，猫在30~35天，小鸭在5~7天。不确定性的来源可以是人、情境或事件。一个抑制儿童可能随着经验的积累学会控制对陌生人的回避行为，在其他人面前不再表现出害羞。但是，该儿童可能保持了一种对不熟悉的非社会性挑战或对不熟悉的地方的回避风格。

心理启示

凯根抑制性气质的概念假设：一个儿童可能在某些情境中表现出回避退缩，但并不一定在所有情境中都回避退缩。与此相反，非抑制型儿童则表现出喜欢交际、对陌生人的出现泰然处之。在不熟悉的社会情境中，抑制型儿童的行为并不等同于那些通过后天的经历使他们变得害羞、腼腆的人的特征。前者表现出较少的自发微笑、较多的肌肉紧张。因此，把"本质就是害羞"当作一种独立的品质而脱离儿童的年龄、生活经历、生理特点以及具体的观察情境是不明智的。

遗传与经验对气质的影响

凯根认为，目前从事实验工作和理论工作的学者对三个问题的研究在促进着气质研究的发展。这三个问题是：气质的生物基础是什么；从出生到成熟，每一种气质类型能够得以保持的程度如何；目前对气质结构的描述很多，有没有一种能得到大家认同的在理论上最有效的气质结构。到目前为止，对这三个热点问题的研究还没有肯定的结论。凯根和他的同事也在对这些问题进行着不懈的研究。

科罗拉多大学行为遗传研究所的研究人员曾进行过一项同性别双生儿的追踪研究。第一次观察在14个月和21个月，以后一直追踪到儿童晚期。以在实验室和在家的直接观察为基础，抑制和非抑制行为的遗传率为0.5和0.6。此外，抑制型儿童的父母比非抑制型儿童的父母更内向。

据此，凯根认为，抑制和非抑制特征是可遗传的。在儿童期，同卵双生子比异卵双生子在害羞、腼腆等行为上的表现更相似。

虽然遗传对婴儿反应性和抑制、非抑制特点有中等程度的相关，但遗传并不是百分之百的起作用，它总是与经验共同起作用的。1/3以上的强抑制婴儿在第二年的测查中并没有表现出害怕。对50个强抑制和50个弱抑制头生儿的家庭观察表明，保护型母亲一直保护其强抑制婴儿免受任何压力，这使她的孩子在控制对陌生人或陌生事件的回避时更加困难。接纳型母亲则努力帮助自己的强抑制孩子克服缺点，提出适合孩子年龄的要求，帮助孩子克服恐惧。

那么，经验又有什么作用呢？经验的作用可由在每一气质类型中的变异来解释。凯根等人在儿童4.5岁时检查了两组截然不同的孩子在行为上的变异：在14个月表现出强烈恐惧的女孩（N=16）和在14个月时表现出不害怕的女孩（N=28）。尽管前一组比后一组表现出极显著的较少自发微笑和讲话，但在每一组的组内差异还是很大的。不同组的组内的广泛差异可以部分归因于不同儿童的不同经历。每一种气质类型的发展轨迹并不是固定不变的。

过去人们认为遗传基因是稳定的，它们的作用是固定的。这种观点已逐渐被一种动态地描述基因作用的观点所取代。Takahashi在1995年发现，有些基因非常易变，这种基因的变化产生出了新的特殊的蛋白质。这就等于说，儿童的经验可能降低或增强最初的气质倾向。

例如，一个儿童出生时有强抑制和害怕的生理基础，但他随后经历了一个相对支持性的环境，在这个环境里没有严重的不确定性，那么，该儿童很可能在大脑环路上产生一些生理变化，而正是这些环路在调节情绪反应和降低苦恼。

Takahashi的这个发现告诉我们，最初所赋予的基因物质并非是决定性的，它们也要服从于经验的调节。

心理启示

根据凯根和一些心理学家的研究，我们可以看出的是，抑制和非抑制特征是可遗传的。遗传对婴儿反应性和抑制、非抑制特点有中等程度的相关，但遗传并不是单独起作用的，它总是与经验共同起作用的。

第十堂课

沙赫特"情绪"课：远离失控的暗淡人生

情绪三因素学说是由美国心理学家沙赫特在20世纪70年代提出的。他把情绪的产生归之于刺激因素、生理因素和认知因素三者的整合作用。其中，认知因素中的对当前情境的评估和过去经验的回忆，在情绪形成中起着重要作用。这一理论提出了一个情绪体验的理论模型——基于认知标签对生理状态唤醒的响应。在这个理论中，个体通过感觉器官感知了特定的情绪对象。随着知觉，个体产生一种诱导性的自主生理状态唤醒。

听沙赫特讲情绪

日常生活中,我们常提及"情绪",并且,我们深知一点,人都是情绪化的动物,我们的行为很多时候都会受到情绪的影响,那么,情绪到底是怎么产生的呢?

对此,美国社会心理学家沙赫特给出解释,他认为,情绪的产生受到环境事件、生理唤起和认知解释这多重因素的共同影响。

沙赫特(1922—1997),美国社会心理学家,主要的研究兴趣是上瘾和情绪。他认为人类的情绪体验是人的生理状态和对这一状态的认知解释共同作用的结果。1969年,获美国心理学会颁发的杰出科学贡献奖,1983年当选为美国国家科学院院士。

1962年他和辛格共同设计了一个实验,实验的基本程序如下:

第一步:先给三组大学生被试注射肾上腺素,使他们处于生理唤醒状态——这是为了使所有被试的生理唤醒状态相同。

第二步：实验者对三组被试用三种不同的说明来解释这种药物可能引起的反应。告诉第一组被试注射药物后将产生心悸、手抖、脸发烧等反应，这些是注射肾上腺素的真实效果；告诉第二组被试注射药物后将产生双脚麻木、发痒和头痛等现象，这与肾上腺素的真实效果完全不同；告诉第三组被试，药物是温和无害的，而且没有任何副作用，即不告知这组被试肾上腺素的效果。这个步骤是诱使三组被试对自己的生理状态作出不同的认知解释。

第三步：将每组被试各分成两部分，并让两部分被试分别进入两种实验情境中。其中一个实验情境能看到一些滑稽表演，是一个愉快的情境；而另一个实验情境中，强迫被试回答繁琐的问题，并强加指责，是惹人发怒的情境。这个步骤是使被试处在不同的环境中。

实验者观察这两种环境下各组被试的情绪反应。

可以预测，如果情绪是由刺激引起的生理唤醒状态单独决定的，那么三组被试应该产生一样的情绪反应，因为实验中他们的生理唤醒状态都是一样的；如果情绪是由环境因素单独决定的，那么各组被试应该是在愉快的环境中感到愉快，在愤怒的环境中产生愤怒。

但实验的真实结果是：第二、第三组被试在愉快环境中表现出愉快的情绪，在愤怒的情境中表现出愤怒的情绪，而第一组被试在两种情境中都比较冷静。

显然，这是由于第一组被试能正确地估计和解释后来的真实生理反应，并将环境对他的影响也进行了认知解释，因而能平静地对待环境作用。而第二、第三组被试对真实生理唤醒水平的认知解释是错误的，因而他们的情绪反应随着环境的不同而变化。由此可知，在情绪的产生中，生理唤醒和环境都有影响，但认知过程则起着至关重要的作用。大脑皮层将环境、生理和认知信息整合起来后，产生了一定的情绪。据此，沙赫特和辛格推论情绪是认知过程、生理状态和环境因素共同作用的结果，其中认知因素对情绪的产生起关键作用。

心理启示

沙赫特认为情绪和情感是认知活动"折射"而产生的。沙赫特认为，脑可能以几种方式解释同一生理反馈模式，给予不同的标签。生理唤醒本来是一种未分化的模式，正是认知过程才将它标记为一种特定的情绪。标记过程取决于归因，即对事件原因的鉴别。人们对同一生理唤醒可以作出不同的归因，产生不同的情绪，这取决于可能得到的有关情境的信息。

你害怕孤独吗

心理学故事：

琪琪今年15岁，刚上高中，进入新的环境，她和同学们相处得很融洽，但就是住在宿舍里感觉很不适应，宿舍十一点就会准时熄灯，而她只要一关上灯，就会觉得孤独，睡不着觉，她只好自己打开手电筒，也因此打扰了室友们的休息，后来，她不得不回家住。其实，琪琪的父母早知道女儿害怕孤独这个问题是因为有障碍，于是，他们决定尝试着让女儿克服一下。这天，他们带着女儿来到医院进行心理咨询。

我们生活的周围，和琪琪一样害怕孤独的人有很多。叔本华提出，社会让他最难忍受的，就是必须和不值得成为朋友的人成为朋友。这一现状更是加重了日益组织化的今天的人们的苦痛。

尼采说："啊，孤独，你是我的家乡""我孤独啊！你配吗？"尼采是位大哲人，所以他以特有的方式告诫世人不要轻易妄称孤独。而事实上作为一种不良情绪，人总是不可避免地会产生孤独。

心理学家沙赫特在1959年曾经做过一项试验，探讨处于孤独状态下的个体的合群需要。

研究者先将被试者分为高恐惧组和低恐惧组，在高恐惧组条件下，研究者告诉被试者，他们将参加一项电击实验，电击会很厉害，很痛，但不会留下永久性伤害，而且这项研究是为了获取有关人类发展的某些有用的资料；在低恐惧组条件下，被试者被告知，电击时只是有点痛，感觉有些轻微的震动，不会有任何伤害性后果。然后，在被试者等待接受电击的时间里，研究者逐个询问他们，是愿意独自等待，还是想与其他人一起等待。

结果显示：高恐惧组选择愿意与别人待在一起的比例为62.5%，无所谓的占28.1%。低恐惧组选择愿意与别人待在一起的比例为33%，无所谓的占60%。试验告诉我们，在恐惧或紧张的状态下人们更倾向于与别人待在一起以降低紧张感。当个体对周围环境缺乏了解和把握时会导致个体心情紧张、有高恐惧感时，他们倾向于寻求与他人在一起，倾向于寻求他人伴同。而处于低恐惧的情况下，这种合群的需要并不那么强烈。可见，与人交往能增加人的安全感，减低恐惧感。

日本心理医生箱崎总一在其《孤独心理学》一书中以个体在生活上的感受来说明孤独是如何产生的，并试图更进一步提倡孤独的复活法和以孤独为原动力走上强壮的人生之道的方法。

那么，孤独是怎样产生的呢？

1. 个体因素

由于遗传、家庭环境、个体在生活、情感等方面的经历不同，个体对环境所产生的紧张感明显不同。

2. 物理环境因素

沙赫特的试验告诉我们，封闭的环境更容易产生孤独感。沙赫特总结了有关报告指出：孤独所产生的痛苦程度与孤独的时间不是线性关系。在一段时间内，由孤独所产生的痛苦增加了，但不久就开始下降，长时间的孤独，个体就进入类似精神分裂症的冷漠状态，这时个体没有情感，对环境不作任何反映。

3. 社会环境因素

日趋激烈的竞争压力下，许多员工由于自身能力和人际沟通存在问题，自然会产生孤独的颓丧情绪。也有不少员工由于自身的价值观与组织文化格格不入，而导致孤独感。

心理启示

所谓的孤独，是由人与人的往来体会中产生出来的，也是我们在日常生活中、在人际关系中，所感受到的东西。当人认为自己是孤独时，那就是他处于想和他人接触、交往的状态中。孤独是一种不良的情绪体验，是一种自感社会交往或人际关系不满状态下的颓丧情绪，从本质上讲，人有拒绝孤独的渴望。

为什么爱情更容易在危境中产生

如何让心仪的对象也产生与你相同的感情？这大概是所有青年男女感兴趣的话题。对于很多男青年来说，可能都曾演过"英雄救美"的桥段，而也应该有不少的人从此展开一段浪漫的爱情故事。

公元1世纪时，罗马诗人奥维德在他的《爱的艺术》中，也提到了年轻人如何去征服异性的方法。其中一个对男性非常有趣的建议就是：将自己喜欢的女人带到竞技场去约会。

不管是在游泳场，还是竞技场，在我们生活的印象中，这些地方确实是容易唤醒女性激情的好场所。

那么，让女性处于危境中，为什么更能让他们产生爱情的感觉呢？

随着心理学领域"认知革命"的潮流，在1962年，研究人员沙赫特创建了将认知因素的影响考虑在内的新的情绪理论。在他们的分析中，沙赫特指出：根据之前的生理基础理论，仍然有一个问题没有解决，那就是对"各种不同的情绪、心情和感觉状态不可能存在同等数量的对应的生理模式"这一现象的解释。这种"不确定性的情形"（对某一种生理模式，可能存在各种不同的情绪状态）引导他们得出这一结论——认知因素可能是情绪状态的主要决定因素。考虑到这背后的逻辑和含义，研究者们就构建了现在被称为沙赫特—辛格理论或两因素情绪理论的理论。

沙赫特—辛格情绪理论是一种被广泛接受的有关情感体验的社会心理学理论，它将生理唤醒和认知因素两者结合在一起来解释情绪反应。该理论假设特定情绪的体验取决于对一般生理唤醒施加"引导功能"的认知标签。沙赫特—辛格情绪理论也被称为两因素情绪理论，或者情绪三因素理论。

换言之，你的情绪体验，更多取决于你对自身生理唤醒的解释，而不一定来源于你的真实遭遇。然而，这就引发了一个问题：在现实生活中，对同样的生理表现可能会存在着不同的但都是合理的解释，有的时候，人们会很难确定我们的生理表现是由哪一种因素造成的。例如，当你跟一位心仪的异性看恐怖电影时，你感受到自己的心在怦怦乱跳，呼吸也变得急促起来，那么，这是电影情节太过恐怖呢？还是身边的人令你心动？你不可能说，"此时，我生理表现的57%是来自异性的吸引力，32%来自恐怖电影，另外11%是因为刚吃的零食来不及消化"。

很多时候，由于难以准确地指出自己生理表现的真正原因，我们会产生对情绪的错误认识。例如，将看恐怖电影引起的心跳过速理解为身边异性致命的吸引力。在心理学上，将人们对自己的感受做出错误推论的过程称之为唤醒的错误归因。由此可见，正是由于"不确定性"的存在，以及认知因素在情绪状态中的标识作用，唤醒的错误归因才会发生。

> **心理启示**

究竟如何是爱，如何确定喜欢？这似乎需要我们从更多的方面去体会，而不仅仅是感觉。例如，从日常生活中他的关心以及两人的相处方式去体会。这就提醒我们不要太注重"感觉"，否则可能错失某些好的缘分。而在两人确定关系之后，则可以更好地利用沙赫特—辛格理论偶尔制造些刺激，共同旅游、看恐怖电影等来增进感情。当然，也不仅仅是爱情，在其他感情方面，如友情、亲情亦是如此。感情都是在一些共同经历中深厚起来的。

参考文献

[1]弗洛伊德.梦的解析[M].上海：上海三联书店，2008.

[2]张新国.每天学点心理学[M].北京：线装书局，2015.

[3]荣格.荣格作品集:心理类型[M].上海：上海三联书店，2009.

[4]路西.世界上最经典的心理学故事大全集[M].北京：中国华侨出版社，2011.

[5]文成蹊.听心理学家讲故事:为心灵打开尘封的锁[M].北京：中国纺织出版社，2008.